安徽省高校人文社会科学研究重大项目（SK2019ZD51）资助出版
安徽省高校人文社会科学研究重点项目（SK2018A0568）

赵维树　著

装配式建筑的综合效益研究

中国科学技术大学出版社

内 容 简 介

本书深入分析了经济、环境、社会、安全四个方面对装配式建筑的整体效益的影响,明确了现阶段装配式建筑相比于传统现浇建筑的整体效益情况,建立了装配式建筑的综合效益情况评价指标体系,确定指标权重并进行分析与评价,从而确定目前装配式建筑综合效益的具体等级,对提高装配式建筑的健康发展具有积极意义。

本书适合从事装配式工程管理、工程技术等人员参考使用。

图书在版编目(CIP)数据

装配式建筑的综合效益研究/赵维树著. —合肥:中国科学技术大学出版社,2021.6
ISBN 978-7-312-05176-0

Ⅰ.装…　Ⅱ.赵…　Ⅲ.装配式构件—建筑施工—综合效益—研究
Ⅳ.TU3

中国版本图书馆 CIP 数据核字(2021)第 054146 号

装配式建筑的综合效益研究
ZHUANGPEI SHI JIANZHU DE ZONGHE XIAOYI YANJIU

出版	中国科学技术大学出版社
	安徽省合肥市金寨路 96 号,230026
	http://press.ustc.edu.cn
	https://zgkxjsdxcbs.tmall.com
印刷	合肥市宏基印刷有限公司
发行	中国科学技术大学出版社
经销	全国新华书店
开本	710 mm×1000 mm　1/16
印张	8
字数	165 千
版次	2021 年 6 月第 1 版
印次	2021 年 6 月第 1 次印刷
定价	56.00 元

前　　言

　　传统现浇建筑能源耗费严重、环境污染较大、劳动生产率不高等一系列问题,制约了建筑业的发展。装配式建筑的产生为解决这些问题提供了新方向与新思路,装配式建筑也逐渐成为未来建筑业发展的新方向。装配式建筑在经济、环境、社会及安全方面的效益较高,直接影响到国民经济的发展与人们生活方式的转变。但是与国外发展成熟的装配式建筑标准体系相比,我国装配式建筑的技术研发水平及体系政策仅处于起步阶段,推动装配式建筑综合效益的研究对我国装配式建筑的发展有着重要意义。

　　装配式建筑的建造方式有别于传统现浇建筑的建造方式,在环境保护及节约工期方面也有较大优势。但是目前装配式建筑的效益不明确,因此装配式建筑在国内的发展受到了较多的制约。为了明确装配式建筑的综合效益水平,推动装配式建筑的发展,本书从两个方面进行装配式建筑的综合效益研究。

　　一方面是对目前装配式建筑进行案例分析与定性研究。收集全国装配式建筑项目的实际案例,从经济、环境、社会与安全四个方面对当前装配式建筑的综合效益进行分析。分析研究按以下步骤进行:首先,对装配式建筑施工建造阶段、运营使用阶段及拆除阶段的各项效益进行分析;其次,通过具体的装配式建筑项目,确定具体的指标进行分析与研究;最后,分析装配式建筑在各项效益中的不足与需要改进提升的地方。

　　另一方面为定量评价。通过对国内外文献资料研究,结合具体的装配式建筑项目情况,从建筑全寿命周期的角度对装配式建筑的综合效益进行分析,构建经济效益、环境效益、社会效益及安全效益等共 19 个综合效益评价指标,在明确各指标内容的基础上,建立装配式建筑综合效益的评价指标体系。运用层次分析法(AHP 法)建立装配式建筑的经济效益、环境效益、社会效益及安全效益的层次判断矩阵及总体效益判断矩阵,得出各评价指标的权重分布表。然后通过分析安徽省合肥市装配式建筑具体的调研数据,运用集对分析理论对装配式建筑的综合效益进行评价,得出评价等级,并进行阐述及说明。

本书的研究成果,为建立健全装配式建筑评价体系提出了具体指导,同时也为装配式建筑的发展提供了理论支撑。

本书的出版受到安徽省高校人文社会科学研究重大项目"重大工程社会责任全生命期动态评价及治理研究"(SK2019ZD51)和安徽省高校人文社会科学研究重点项目"装配式建筑综合效益研究"(SK2018A0568)的资助;在本书撰写过程中,章蓓蓓协助完成了资料收集和图文编辑工作,并提出了许多很好的修改意见和建议,在此一并表示感谢。

赵维树

2020 年 12 月 12 日

目　　录

第1章 绪　　论

1.1　研究背景及意义

1.1.1　研究背景

建筑业是我国的支柱性产业之一,随着目前城镇化水平的不断提高,我国的建筑业也在进行生产方式的革新。建筑不仅要满足建筑质量与使用功能等基本的使用要求,同时也应节约资源与能源,并在施工建造与使用过程中提高劳动生产率并保护环境。综合考量以上因素,装配式建筑的出现为建筑业的发展提供了全新的方向。

装配式建筑采用部品构件在工厂进行标准化设计、装配式施工,运输到施工现场之后进行组装的生产方式,不仅可以大幅度地提高施工速度、节约工期,而且在提高劳动生产率、节约能源以及保护环境方面有着突出的贡献。因此,装配式建筑不仅可以满足建筑业的可持续发展的要求,同时对实现新时期国家战略长远的发展有着积极意义。

然而,目前我国装配式建筑的发展仍处在初级阶段,装配式建筑的应用程度仍处于起步阶段。一方面是因为技术规范不够全面,产品材料之间的模数协调程度不高;另一方面则是因为目前在全国范围内并没有可以推广的标准化模数体系,装配式建筑的综合效益的情况不明朗。这些因素都阻碍了装配式建筑在我国的发展进程。

基于当前建筑业现代化的要求与发展趋势,不仅需要推进装配式建筑的发展,而且需要推进建筑施工产生的创新、各个生产部门之间的高效协调,更需要推进整个建筑工程信息的共享化、建筑部品构件的统一标准化及生产的工厂化。因此,在装配式建筑的发展过程中,目前迫切需要一套符合我国建筑业发展基本国情的装配式建筑综合效益评价研究体系,这套评价研究体系应当涵盖装配式建筑的全寿命周期,并且可以对建筑在施工建造阶段、运营使用阶段及回收拆除阶段的综合效益进行分析评估,以此来促进建筑业的发展。

1.1.2　研究意义

2016 年 9 月 27 日国务院办公厅出台的《关于大力发展装配式建筑的指导意见》指出,明确未来装配式建筑发展的重点地区,达成建筑中装配式建筑的占比要求。该意见强调了装配式建筑发展的重要性。国家政策的实施使得很多装配式企业开始发展与研究装配式建筑的施工技术要求,装配式建筑在国内的发展开始呈现出积极的态势。

为了规范装配式建筑市场,保证建筑业在健康发展的同时满足国家对经济、环境、社会及安全等各方面的要求,本书在全寿命周期综合效益分析的基础上,构建装配式建筑综合效益评价研究体系,并对装配式建筑的综合效益情况进行整体评价。主要内容包括以下几个方面:

(1) 从全寿命周期角度出发,在经济、环境、社会及安全效益分析的基础上,构建装配式建筑综合效益评价研究体系,对装配式建筑的综合效益情况进行评价与研究,从而确定影响装配式建筑综合效益的主要因素。

(2) 建立装配式建筑综合效益评价机制,为装配式建筑的优劣评价提供借鉴,便于规范装配式建筑市场机制。

(3) 在综合效益评价研究的基础上提出相应改进措施,促进装配式建筑的改进与优化发展。

(4) 丰富和完善装配式建筑的综合效益评价研究体系。

本书的研究意义主要体现在以下几个方面:

(1) 降低产业化方式住宅的造价。我国现浇混凝土结构技术虽然发展较为成熟,但是仍然存在很多缺点,如工期长、环境污染严重(是导致 PM2.5 的罪魁祸首之一),而产业化方式住宅恰恰至少在这两个方面具有优势。但是根据目前部分专家的意见,产业化方式住宅相比于现浇混凝土住宅的缺点是造价高(也有部分学者说造价低),虽然高出的具体数值不清,但是经研究认为,在保证主要功能不降低或者略有降低但不影响正常使用的情况下,根据价值工程理论,适当降低造价总不是一件坏事。所以笔者首先期望降低产业化方式住宅的造价。

(2)提高建筑业劳动生产率。我国建筑业生产效率很低,相关文献显示只有发达国家的1/5~1/2,差距惊人。建筑业不仅人均产量低于全社会平均水平,而且产值利税率更低。多年以来,在传统建造模式下,建筑业的效率提升的幅度不高。产业化方式住宅的出现能够缩短工期,提升劳动生产率。生产率的提高不仅使得产业化方式住宅发展更快,而且能带动更多相关行业迅速发展,为整个社会带来更多的效益。

(3)减少对熟练技术工人的依赖。无论是我国的建筑业还是制造业,缺乏的既不是底层的工作人员,也不是顶层的管理人员,而是中层的熟练技术工人。随着社会价值取向的改变以及我国社会人口结构趋向老龄化,这一问题不仅得不到解决,反而会更加严重。产业化方式住宅这种结构不需要依赖传统的熟练技术工人,因为关键的生产环节已经通过精密设计和工厂制造完成,施工现场只要完成安装工作即可。普通的建筑安装工人通过简单的培训后也能胜任这项工作,甚至将来可以考虑用机器人来完成这项工作。所以产业化方式住宅能够减少熟练技术工人短缺的问题,为建筑业又做出一大贡献。

1.2　国内外研究现状

1.2.1　国外研究现状

装配式建筑起源于西欧。第二次世界大战之后,很多房屋在战乱中被损毁,装配式建筑由于其独特的建筑生产特点,如建设周期短、施工建造速度快等,获得了重要的发展契机。装配式建筑可以克服房屋建造缓慢及施工周期长的缺点,于20世纪60年代被引入美国、日本等发达国家。在装配式建筑的研究及使用中,欧洲国家的装配式建筑施工技术及相关理论研究最为成熟,其中法国装配式混凝土结构体系的装配率已经达到80％以上。[1]

目前,欧洲国家的装配式建筑体系已经发展成为系列化、高质量的标准化及低耗化的代表,但对于装配式建筑的研究大多以装配构配件生产体系及节能减排为主,对于装配式建筑效益的研究主要集中于经济效益及环境效益等单方面的效益,并没有对综合效益方面进行探讨。因此,研究国外先进装配式建筑经验,有助于装配式建筑综合效益的技术研究。

Ayodeji O. Ogunde 等通过结构化的问卷调查和对专业人士的访谈等方式调查了预制建筑物的使用者。他们运用 SPSS 20.0 对问卷调查数据进行了分析,得出工业化建筑成本的影响因素,并通过相对重要性指数(RII)计算,对变量的影响进行了排序。研究表明,大规模专业化生产可以使工业化建筑系统(IBS)更经济。

Henry Abanda 等研究了建筑信息模型(BIM)系统对非现场制造和传统施工方法的影响,强调 BIM 用于非现场制造的技术潜力。他们不仅分析了BIM 如何应用到场外制造,还阐述了 BIM 技术对于建筑业的优势,并详细介绍了 BIM 如何克服场外制造。

Dustin Albright 等研究了 Sim 框架系统。此系统改用新型技术——CNC 布线技术预制普通胶合板的结构部件,在装配式建筑改造工程中通过手动绑扎、连接预制好的结构部件,整个进程更加快速、精准。

Jaewook Jeong 等通过对案例的研究,对新型装配式柱和传统混凝土柱的生产率、成本以及二氧化碳排放量进行了评估分析,结果表明新型装配式柱与传统混凝土柱相比,生产率提高了 42.5％,节约成本 1.32％,可以有效地代替传统混凝土柱。

Pedro Silva 等的研究目标是获得节能建筑及温室气体排放量最少的建筑。其研究主要致力于对目前装配式建筑外墙进行模块改造,包括构建三维模型、进行成本效益分析等。[2]

Peter Walker 等主要通过对英国稻草板建筑的研究,提出了在装配式建筑部品构件的生产中增加对天然材料的使用,从而提高装配式建筑的经济效益及环境效益。[3]

Minarovicova Katarina 等主要研究了建筑物在建造过程中有关系统及布局的修改,以满足目前人们对建筑物使用功能的需求,同时也与目前的施工建造技术相匹配。[4]

Szitar Mirela-Adriana 等的研究主要概述了根据罗马尼亚当地的环境特性所开发的一种政策工具,其主要作用为改善现有建筑在环境性能上的表现。[5]

Mohamad Ibrahim Mohamad 等主要研究了装配式建筑的工业化技术在解决房屋紧缺问题方面的能力,并使用 SWOT 分析方法对结果进行了处理。[6]

Robert Wing 和 Robert Agren 主要提出了装配式建筑从开始出现到发展成熟应经历以下五个阶段:从早期部品构件的预制到部品构件的标准化,再到部品构件的规模化生产,然后到装配式建筑的信息化管理,最后进入发展成熟阶段。[7]该研究成果对本书的研究具有理论指导意义。

Tomonari Yashiro 等对装配式建筑的概念及相关理论进行了阐述,提出了装配式建筑的发展关键点在于部品构件的生产技术水平、全寿命周期管理的方法、装配式建筑施工建造的组织形式以及对装配式建筑生产的约束与奖励机制。[8]

C. M. Tam 等对 4 栋装配式建筑相比于传统现浇建筑的建筑垃圾减少情况进行了分析与研究,提出了装配式建筑在节能减排方面的环境效益,并最终得出结论:相比于传统现浇建筑,装配式建筑的混凝土垃圾产生量减少约 55%,模板垃圾产生量减少约 80%。[9]

Ara Begun Rawshan 等对装配式建筑模式和传统现浇建筑模式进行了对比,他们认为装配式建筑模式不仅可以减少建筑材料的使用,而且在节约工期、节约能源及保护环境方面可以发挥很好的作用。[10]

Willem K. Korthals Altes 等对影响装配式建筑发展的因素进行了统计分析与研究,得出目前世界上装配式建筑应用程度比较低的原因是未形成足够稳定的产业链,并且产业链间各企业缺乏长期的战略合作关系。[11]

Ian Flood 主要研究了装配式建筑方案的动态决策分析,提出使用人工神经网络进行决策能够有效地提高动态决策分析的准确性。[12]

Lara Jaillon 等提出了装配式建筑采用标准化设计可以有效地提高产品部件的生产效率,同时还具有节能减排、降低环境污染等优势。[13]

1.2.2　国内研究现状

我国对于装配式建筑的研究起步比较晚,有关装配式建筑数据库的建设及量化计算研究仍处于初级阶段,尤其是在装配式建筑节能减排方面的研究还不够成熟。但随着装配式建筑规模的不断扩大,相关理论研究的不断成熟,最终在我国将会形成具有指导意义的装配式建筑的数据库及效益研究理论,从而推动我国装配式建筑的发展。

林凯奇等提出了一种可以满足结构型地震和逐步崩塌设计要求的新型预制混凝土(MHRPC)框架体系,并运用循环和渐进式崩溃测试验证了这种新型预制混凝土框架体系性能的稳定性。研究证明,该框架体系具有旋转大、损伤低、易修理、自定强等特点,并且系统可以满足多重危险设计和逐步崩溃的要求。

朱涵等采用混合全过程生命周期评估和场景能量模拟方法,综合评估了预制建筑全生命周期的能源性能。研究表明,虽然在建设阶段,预制建筑物的能源减少量不明显,但是对全寿命周期的对比分析表明,装配式建筑能够提供很好的环境效益。

洪荆柯等研究了装配式建筑中预制构件成本与预制率的关系,通过建立成本效益分析框架来分析预制构件的基本成本构成,并考察了实际项目中预制构件的效果。研究表明,预制构件中混凝土和钢材部件成本占比最高,占总成本的 26%～60%,其次是人工成本(17%～30%)和运输成本(10%);平均增量成本与预制率呈高度线性相关。

谢俊等首先从人工费用、材料费用、机械费用和其他费用等四个方面分析了不同预制率对装配式建筑建造成本的影响,然后从建造成本效益、使用成本效益和工期效益等三个方面分析了装配式建筑。结果表明,装配式建筑的增量建造成本具有良好的效益,装配式建筑有大规模推广的可行性。

康铁钢建立了装配式建筑综合效益模型,从经济角度量化分析了工业化建筑的综合效益,并用实际案例验证了模型的可行性。研究表明,在综合效益上,工业化建筑比传统现浇建筑具有明显优势。

何甫霞从理论层面对装配式建筑的经济效益和环境效益进行了分析,详述了装配式建筑可以在经济和环境两方面产生的效益以及产生效益的原因,但是没有建立经济效益和环境效益的测算模型。

常春光等研究了预制构件在预制工厂的生产成本控制问题,旨在加强对预制构件生产成本的控制力度。他们分析了预制构件生产阶段成本控制存在的主要问题及原因,并在此基础上归纳出装配式建筑生产成本的控制原则及在各阶段的控制措施,为装配式建筑构件生产成本的控制提供了依据。

王广明等以装配式混凝土建筑工程项目为研究对象,剖析了其增量成本的构成和原因,提出了降低增量成本的解决方法,从建造过程的资源能源消耗、建筑垃圾排放、噪声和空气污染排放等方面系统地分析了装配式建筑的节能减排效益,并提出了有针对性的政策建议。[14]

陈莹基于建筑的全寿命周期理论,提出了建筑在全寿命周期内的能源消耗及温室气体排放量的计算方法。[15]

周玲珑主要在建筑全寿命周期成本理论的基础上,对产业化住宅的成本进行了分析与研究。[16]

李丽红等主要以装配式实际项目研究为基础,以传统现浇建筑模式工程成本为计算方法及标杆,分析对比了装配式建筑与传统现浇建筑间的成本差异,用定量与定性结合的方法指出了装配式建筑工程成本较高的原因及未来可以改进之处。[17]

王玉龙主要以上海市装配式建筑为例进行了因高层建筑 PC 率增加而引起的成本增加与结构成本增加的对比分析,提出了装配式建筑的成本影响因素及相应的对策。[18]

齐宝库等结合我国当前装配式建筑的技术经济指标、装配式建筑的技术特点以及产业链的完整程度,提出了装配式建筑未来发展的相关对策。[19]

何继峰等结合我国目前装配式建筑发展的现状,对新型的装配式混凝土体系进行了分析,得出装配式剪力墙体系与装配式框架体系的特点、应用现状及改进措施。[20]

刘启超通过对装配式混凝土剪力墙水平缝的结构及性能的分析,提出了一种新兴的装配式剪力墙的连接方式,而这种连接方式不仅可以提高施工效率,还可以有效地降低施工成本。[21]

纪颖波等从施工建造与运营使用两个阶段分析了装配式建筑"四节一环保"的效益情况,指出了装配式建筑在节地、节能、节材与节水方面的优势,明确了装配式建筑在我国建筑业发展中的优势。[22]

魏子惠等在对我国装配式工业化建筑的施工建造评价标准进行研究的基础上,构建了工业化建筑标准评价指标体系,丰富与补充了我国装配式工业化建筑的评价指标体系。[23]

李静等在全寿命周期成本上对装配式建筑与传统现浇建筑进行了对比分析研究,针对装配式建筑目前成本偏高的问题,构建了全寿命周期成本的理论模型,并对装配式建筑的成本进行了分析与研究。[24]

李颖等对装配式建筑的施工安全及质量评估方面进行了研究,运用事故分析法的方式对装配式建筑施工建造过程中的危险源及质量控制点进行了分析与识别,并对不同的质量安全控制项目进行了分析与评价。[25]

罗时朋等从承包商的角度分析了 PC 率与建筑施工成本增幅间的函数关系,并对装配式建筑的施工建造成本进行了量化分析。[26]

丁孜政从建筑全寿命周期的角度对建筑的经济效益、环境效益与社会效益进行了量化分析,同时运用价值-影响比值法与 DEA 对绿色建筑的综合效益进行了探讨。[27]

朱百峰等在研究装配式建筑与传统现浇建筑施工建造特点的基础上,从施工生产技术角度分析了装配式构件生产与安装过程中对生态环境的影响,构建了装配式建筑的生态效益指标体系,为装配式建筑生态环境效益的评价提供了理论支撑与科学方法。[28]

1.2.3　目前研究中存在的主要问题

装配式建筑在我国的发展时间不长,虽然已经出台了一些国家政策及相关地区性建筑标准、定额,对装配式建筑的发展进行了指导与约束,但仍然存在不少问题,主要表现在以下几个方面:

(1) 对装配式建筑的认知存在不足。投资者在未对装配式建筑有比较深入了解之前,会简单地认为装配式建筑是一种成本较高、科技水平较高的建筑模式,未能准确把握装配式建筑所带来的经济、环境、社会及安全方面的效益,这种认知给装配式建筑的发展带来了一定的阻碍。

(2) 装配式建筑的发展仍处于初级阶段,有关的系统理论及评价标准还不够准确与完备,有待于进一步拓展与完善。

（3）装配式建筑的推广需要全社会协同配合才能起到明显的效果，目前参与推广装配式建筑的主体较少。

（4）目前的研究多数是对装配式建筑的质量和成本进行分析与评价，虽有一些学者对装配式建筑的环境效益进行了研究，但是涵盖社会及安全角度的综合性评价相对较少。

（5）目前装配式建筑综合效益的评价模型有待进一步完善，虽然评价比较客观，但是却不能很好地考虑决策者的主观影响因素。

根据以上分析，本书将从装配式建筑的综合效益方面进行分析与评价，在装配式建筑综合效益分析与评价指标调查的基础上，运用层次分析法对装配式建筑的各个评价指标进行赋权处理，构建效益数据库；根据装配式建筑的特点，对装配式建筑进行综合效益的评价，为今后装配式建筑综合效益的分析及规范装配式建筑市场提供一定的参考依据。

1.3 研究的主要内容及思路

1.3.1 研究的主要内容

本书根据我国装配式建筑的发展现状，在文献研究的基础上，结合各地项目的实际情况，从经济效益、环境效益、社会效益和安全效益等四个方面，对装配式建筑引致的建筑建造生产和管理模式的改变、生产效率的提高、建筑质量和性能的提高、资源节约的贡献率以及降低能耗等方面进行分析，以期阐明装配式建筑的综合效益情况。在综合效益分析的基础上，构建综合效益的评价指标体系，并以合肥市为例对装配式建筑进行综合效益评价。以定性研究和定量研究为基础，结合效益评价结果，对我国装配式建筑的发展提出建设性意见。

本书主要包括两方面的内容：① 从经济效益、环境效益、社会效益和安全效益等四个方面，结合目前装配式建筑的发展情况，对装配式建筑的综合效益进行分析；② 通过层次分析法建立综合效益评价指标体系，利用构建的19个效益分析指标及其权重，结合集对分析理论对合肥市目前的装配式建筑的综合效益进行评价,从而为装配式建筑的发展提供有力支撑。

装配式建筑综合效益研究的主要思路为:将研究划分为五个阶段、四个方面、三个层次、两个对比和一个体系。五个阶段是指装配式建筑全寿命周期的五个阶段,即决策阶段、准备阶段、施工阶段、使用阶段和回收拆除阶段。四个方面是指对综合效益的评价从社会效益、环境效益、经济效益和安全效益四个方面入手。三个层次是指根据层次分析法将装配式建筑综合效益评价指标体系的主要内容划分为目标层、准则层和指标层三个层次。两个对比是指在进行装配式建筑综合效益分析时以传统建筑综合效益为参照进行两两对比。最终构建一个装配式建筑综合效益评价指标体系。

1.3.2　主要研究方法及创新点

本书的主要研究方法如下:

(1) 文献分析法。通过对装配式建筑相关文献的分析与总结,结合建筑的经济效益、环境效益、社会效益与环境效益四个方面有针对性地提炼有价值的信息,并对信息进行提炼与总结,为本书写作打下坚实的基础。

(2) 定量和定性结合分析法。通过对装配式建筑各个阶段效益情况的定量分析,根据其结果进行综合效益评价,进行定性判断。定量和定性结合分析法使本书的结论更客观,更具有实际意义。

(3) 实地调研法。通过对合肥市装配式建筑项目的实际走访、调研与分析,明确装配式建筑相较于传统现浇建筑在质量、环境等多方面的优势。

(4) 问卷调查法。通过对装配式建筑企业技术人员及装配式建筑相关研究人员的问卷调查,结合层次分析法的理论应用,明确本书构建的装配式建筑的综合效益评价指标的权重,为综合效益评价提供数据支撑。

(5) 专家访谈法。通过对合肥市装配式建筑研究领域专家的访谈,明确目前装配式建筑在合肥地区各个评价指标的标准熵值范围,运用集对分析理论对合肥地区装配式建筑的综合效益进行评价,以此明确目前装配式建筑发展的优势与不足之处。

本书的创新之处如下:

(1) 将定性与定量的评价方法相结合,对装配式建筑的综合效益进行评价,使评价结果兼具主观性和客观性,从而得到较为合理的评价结论。

(2) 将装配式建筑的综合效益研究与建筑的全寿命周期理论相结合,从全寿命周期的角度进行评价,使评价结果更全面,更具有说服力。

1.3.3 研究技术路线

本书的研究技术路线如图 1.1 所示。

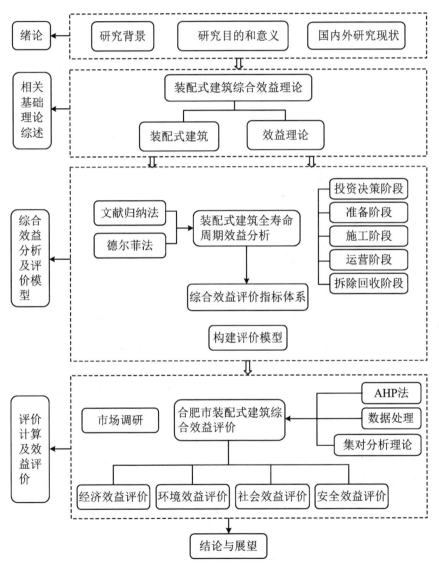

图 1.1 研究技术路线图

第 2 章　装配式建筑的发展

2.1　装配式建筑的概念及体系

2.1.1　装配式建筑的概念和特点

1. 装配式建筑的概念

装配式建筑,是指将建筑根据结构要求合理地分解成一个个独立的构件后在工厂或者施工现场提前加工完成,运输或者移吊到施工现场,再通过机械吊装和特定的技术相互连接而形成的建筑。装配式建筑优势明显,施工速度快,劳动强度低,耗工少,发明之初很好地缓解了二战结束后给东欧、苏联以及英国、法国等一些国家带来的劳动力紧张、住房困难等问题。因此,装配式建筑也从二战之后广泛地被各国建筑业关注、推广与运用。

装配式建筑作为一种新兴的建筑形式,由于它完全适应现代化的施工模式,所以成为了建筑产业现代化的重要载体和推手。其部件均在工厂内批量预制并在施工现场进行组装。与传统现浇建筑相比,可节省大量的人力、提高产品的质量、增加部件的生产效率及减少自然环境的影响效力。这改变了建筑业一贯的传统粗放式生产模式,转而寻求更加高效的集约型生产模式,使建筑产业走上了现代化的发展方向。

装配式建筑具有传统现浇建筑很多不可比拟的优点。自改革开放以来,党和政府极度重视建筑工业化的发展,大力打造机械化、工业化的施工模式,着力发展装配式建筑,切实转变城市建设模式,助力建设资源节约型、环境友好型的城市。装配式建筑是国家未来建筑业发展的重要方向,是推动"创新驱动发展、经济转型升级"的重要举措。[29]

2. 装配式建筑的特点

随着建筑现代化和工业化的发展,越来越多的学者关注装配式建筑的研究,通过大量研究和实践的相互结合,分析装配式建筑与传统现浇建筑在施工顺序、施工方法方面的不同,归纳出属于装配式的五大特点,见表 2.1 和表 2.2。

表 2.1　装配式建筑与现浇混凝土建筑施工方式的差异性分析

施工阶段	装配式建筑	现浇混凝土建筑
主体结构工程	部件工厂化预制—吊装准备—柱、梁、板吊装—楼梯、阳台、外墙板吊装—剪力墙、内部隔墙安装—后浇部位钢筋绑扎—后浇部位支模、预埋件安装—混凝土浇筑养护—逐层施工	放线—框柱、剪力墙钢筋绑扎—框柱、剪力墙、梁、板模板支设—梁板钢筋绑扎—框柱、剪力墙、梁板混凝土浇筑—逐层施工
装饰工程	屋面防水—地面防水—外墙装饰(安装水管)—室内地面(踢脚线)—内墙抹灰—门窗工程	屋面防水—外墙装饰(安装水管)—室内地面(踢脚线)—内墙抹灰—门窗工程

表 2.2　装配式建筑的特点

设计标准化	功能现代化	制造工厂化	施工装配化
装配式建筑相比于传统现浇建筑,其部件均在工厂里标准化生产,精度高,具有规范化、集成化的特点。	装配式建筑相比于传统现浇建筑,具有节约能源、隔音效果好、结构承载力强、抗震效果好等特点。	装配式建筑的部件在工厂里标准生产、预制,具有质量轻、强度高等特点。同时,在预制的过程中考虑了各种材料间的相互联系,不仅保证了各种材料的性能,更具有整体效果优良的特点	装配式建筑自重较轻,对地基承载力要求低,有利于地基基础设计。同时装配式施工可以采用工序间交叉施工的方式,使施工环节减少,工期明显缩短。同时,具有噪声减少、扬尘污染降低等特点。

（1）设计标准化

建筑设计标准化是实现装配式建造的基础和前提,相对于现浇结构,装配式建筑的显著特点就是模块化设计和生产,这就要求构件在类型、尺寸和材料等方面尽量保持一致,这不仅可以极大地缩短设计周期、减少设计成本和造价,也可以方便构件的制作、运输和安装,极大地保证构件的施工质量。

（2）生产工厂化

装配式建造的核心特点就是生产工厂化。构配件作为建筑物的基本零部件和组成部分,其生产和制作过程都极为重要。通常都是在标准化设计的基础上,由工厂实现统一生产和制造,不仅具有批量与高效的特点,而且相对于现浇结构,构配件的生产质量也有很大的提高。

（3）生产部件化

所生产的产品可根据建筑物的需要,拆分成不同的部件,如梁、墙板、柱、楼承板等,并在构件内做好水、电气管线、窗户的预留预埋,同时也可以将装饰装修材料一起制作加工。

（4）施工装配化

施工装配化是指将工厂化生产的预制构件在施工现场进行拼接装配的过程。与传统现浇式作业相比,装配式建筑较少受气候和环境的影响。施工装配化的显著特点是机械化程度较高、现场工作量小、作业人员数量明显下降且施工效率显著提高,这不仅减少了能源的消耗与建筑垃圾的排放,而且极大降低了对周围环境的干扰。

（5）管理信息化

在建设项目的全寿命周期中,相对于建筑物的工业化生产和安装,建筑物的运营管理同样十分重要,宜采用先进的信息化手段（如互联网、BIM 等）进行建筑物的运营管理。信息技术的运用不仅是实现建筑工业化的重要保障,同时也是实现设计、施工、运营方全过程监控和信息化管理的重要工具,能极大提高装配式建筑的工程质量和施工效率。

2.1.2　装配式建筑的分类

装配式建筑形式多样,可依据不同的标准进行分类。根据其结构体系,将装配式建筑分为砌块建筑、板材建筑、盒式建筑、骨架板材建筑和升层建筑。根据其受力结构材料,可分为钢筋混凝土结构装配式、钢结构装配式和木制装配式。根据其装配化的程度,可分为半装配式建筑和全装配式建筑。

1. 按照结构体系分类

（1）砌块建筑

砌块建筑是一种用预制的块状材料堆砌成墙体的装配式建筑。主要用于建造低层建筑,普遍用于 3～5 层,也可以通过配置高强度钢筋或者选取高强度的砌块来提高建筑的抗压能力和稳定性,从而增加楼层层数。用于建筑的砌块分为小型砌块、中型砌块和大型砌块。依据砌块的大小,它们的适用范围也有所不同。小型砌块体积较小,使用方便、灵活,使用范围较广泛;可以人工进行搬运、砌筑;工业化的程度不高。中型砌块体积较大,需要小型机械辅助吊装,人工操作困难;无需大量的砌筑劳动力;可用于工业化程度偏低的建筑。大型砌块,施工便利化程度低,现在已经被预制的大型板材替代。

砌块的外形多样,分为空心和实心。实心砌块多用轻质材料制作,以减轻自重。空心砌块多孔隙,利于增强建筑保温效果。施工时,砌块接缝处施工要求高,多用水泥砂浆砌筑,以提高整体的稳定性和强度。

砌块建筑工艺简单,施工方法容易,操作起来只需要一些简单的小型机械设备;材料选取方便,可以就地取材或者利用工业生产产生的废弃物,节约造砖取土所需的良田,保护耕地;适用能力强,适用于多种类型房屋;而且具有成本较低等优势。由于其显著的优势,很多国家将其列为装配式建筑之一,认为它是建筑工业化的重要过渡。

（2）板材建筑

板材建筑又称为大板建筑,是住宅建筑中工业化程度较高的建筑体系。这类装配式建筑是由工厂生产的外墙板、楼板等板材组装而成,装配化程度高,减少了现场用工数量,装配速度快,受季节环境影响小。板材的种类多样,可根据其在建筑中的结构形式,合理地选取板材种类。根据其对承重的要求,内墙多选用钢筋混凝土实心板或空心板。根据其对承重、保温装饰的需求,外墙可选用具有保温效果的钢筋混凝土复合板,或是具有装饰性的大孔混凝土墙板、轻骨料混凝土墙板及泡沫混凝土板墙。板材建筑的施工关键在于板缝的处理和防水布置。水平缝多采取水泥砂浆座缝;垂直缝需要灌注细石混凝土,并通过焊接将相邻墙板连接。精心细致的墙板板缝的处理将有利于整体结构的连接。

板材建筑的优势十分显著,主要体现在以下几点:

① 有利于变革砖混结构,从而减少造砖取土与农争地。传统建筑大多采用黏土砖做承重墙,一亩良田只能烧砖 100 万块。而板材建筑则部分地或全部地取消了黏土砖,充分利用了工业废料如粉煤灰、矿渣等。据统计,建造 10^4 m^2 的板材建筑,可节省黏土砖 2 000 万块,约等于节约农田 1.3×10^4 m^2,从而间接地支持了农业生产。

② 有利于扩大使用面积。据数据统计,装配式大型墙板的厚度一般比砖混结构的砖墙厚度薄 80～100 mm,扩大了使用面积。据统计,一般砖混结构的结构面积占建筑面积的 15%,而板材建筑只占 10%,这样大板建筑的平面系数比同样面积的砖混结构要高,可扩大使用面积 5%～7%。

③ 有利于减轻结构重量。由于板材建筑中结构厚度薄,并广泛采用轻质材料,因而大大减轻了每平方米的结构重量。采暖地区的板材建筑的建筑自重约为砖混结构的 70%,一般为 900 kg/m^2,非采暖地区的板材建筑自重仅为砖混结构的 50%,一般为 700 kg/m^2。建筑自重的减轻意味着材料节约,运输工作量减少,同时也提高了抗震性能。

④ 有利于长年均衡施工。板材建筑主要是在预制加工厂生产构件,施工现场吊装组接,这种过程气候和季节对施工的影响不大,能保证全年均衡施工。此外,由于现场湿作业大量减少,手工操作程度大大降低,现场管理得以高度简化。板材建筑的出现,使建筑工地向文明施工的目标迈出了一大步。

⑤ 有利于提高劳动生产率。板材建筑每平方米的工时消耗,与砖混结构相比,有较大的节约。板材建筑每平方米用工约为 2 工时,比砖混结构提高 30%,同样面积的房屋采用板材建筑工期可以缩短 1/3 以上。

⑥ 有利于抗震。这是因为板材建筑的强度大而自重轻,又具有较好的抵抗变形的能力。实践也表明,板材建筑抗震性能良好。目前,北京地区的板材建筑构造结构可以抵御地震烈度 8 度。

然而,板材建筑并非尽善尽美。由于它的装配化程度高,必须要有足够的加工场地和起重设备才能施工,因而推广受到限制。此外,板材建筑的造价均比砖混结构高 20%～30%。这是由于一次性投资大,摊销费用多,又由于构件生产数量还较少,故生产能力未充分发挥,而且一种构件要经过工厂生产、运输、吊装等几个环节,管理费用也略有增加。另外,板材建筑的构件尺寸、形状一旦定型,短期之内不易改变,因此外形就有千篇一律之感,标准化与多样化的矛盾比较突出。

(3) 盒式建筑

盒式建筑是指采用盒式结构建造的建筑物。它的结构部分全部在工厂内完成,内部的装修和设备也全部配备齐全,甚至家具也可以配置,一应俱全。运送到现场后直接吊装、接线即可使用。盒式建筑按形式可以分为如下三类:

① 全盒式建筑。全盒式建筑完全由承重盒子或承重盒子及一部分外墙板组成。完全由承重盒子组成的建筑物,特点是装配化程度高、刚度好,室内装修基本上可在预制厂内完成。但在拼接处出现了双层楼板及双层墙,构造比较复杂。承重盒子及一部分外墙板组成的盒式建筑是将承重盒子错开布置,露明部位用外墙板补齐。美国等一些国家常采用这种形式。

② 板材盒式建筑。这种建筑将小开间的厨房、卫生间、楼梯间等做成承重盒子,在两个承重盒子之间架设大跨楼板,另用隔墙板分隔房间。

③ 骨架盒式建筑。骨架盒式建筑由骨架承重,盒式结构只承自重,因此可用轻质材料制造,使运输、吊装和结构重量大大减轻。

盒式建筑与传统建筑相比在用工、用料、建筑性能方面优势显著。主要体现在以下几点:

① 装配化程度可以提高到 85% 以上。现场工作只剩下平整场地、建造基础及施工吊装等,因此生产效率大大提高。据统计,盒子每平方米用工为10 工时,比传统建筑节约用工 2/3 以上。

② 盒式结构属于一种薄壁空间结构,材料用量比传统建筑大大减少。据统计,每平方米使用混凝土只有 0.3 m^3。它比传统建筑可以节约水泥约22%,节约钢材 20% 左右。

③ 由于节约了材料,建筑自重也大大减轻。与传统建筑相比,建筑自重可减轻 55%。目前,世界上研究和试建盒式建筑的国家近 20 个,有上百种体系和制作方法。其中包括采用房间盒式建造的建筑物,也包括在其他类型装配式建筑中采用的局部盒子间。如卫生间盒子、楼梯间盒子、厨房和卫生间在一起的"心脏"单元等。我国也已着手盒式建筑的研究和试制工作,

并且进行了几种类型的试点,卫生间盒子在各地都有制作和应用。

盒式结构可采用各种材料。例如,钢材、钢筋混凝土、木材和塑料都是制作盒式结构的材料。钢盒子不仅可以用于低层、多层建筑,而且可以用于高层建筑。钢筋混凝土盒子多用于4～8层建筑。目前,世界上最高的钢筋混凝土盒式建筑为22层。木盒子仅用于低层建筑。由于盒子需要重型吊装设备,运输不便,因此发展受到限制。

(4) 骨架板材建筑

骨架板材建筑是由骨架和板材组成的建筑。一般是由梁、柱为主要承重,楼板及内外墙板进行分隔的一种装配式结构体系。[30]

按照其承重结构的形式可分为两种:一种是由柱和梁组成的承重框架,再搁置楼板和非承重的内外墙板的框架结构体系;另一种是由柱和楼板组成的承重框架,内外墙是非承重的。承重的骨架一般多为重型的钢筋混凝土结构,也有采用钢和木做成骨架和板材的组合,常用于轻型装配式建筑中。骨架板材结构合理,可以减轻建筑物的自重,内部分隔灵活,适用于多层和高层的建筑。钢筋混凝土框架结构体系的骨架板材建筑有全装配式、预制和现浇相结合的装配整体式两种。构件连接是保证这类建筑的结构具有足够的刚度和整体性的关键。因此骨架板材建筑具有结构设计合理、自重较轻、内部空间利用率高等优势。

柱与基础、柱与梁、梁与梁、梁与板等的节点连接,应根据结构的需要和施工条件,通过计算进行设计和选择。节点连接的方法,常见的有榫接法、焊接法、牛腿搁置法和留筋现浇成整体的叠合法等。板柱结构体系的骨架板材建筑是方形或接近方形的预制楼板同预制柱子组合的结构系统。楼板多数为四角支在柱子上;也有在楼板接缝处留槽,从柱子预留孔中穿钢筋,张拉后灌注混凝土。

(5) 升层建筑

升层建筑是在升板建筑每层的楼板还在地面时先安装好内外预制墙体,再一起提升的建筑。这种建筑的结构体系是由板与柱联合承重的。它在底层混凝土地面上重复浇筑各层楼板和屋面板,竖立预制钢筋混凝土柱子,以柱为导杆,用放在柱子上的油压千斤顶把楼板和屋面板提升到设计高度,加以固定。外墙可用砖墙、砌块墙、预制外墙板、轻质组合墙板或幕墙等;也可以在提升楼板时提升滑动模板和浇筑外墙。升板建筑施工时大量操作在地面进行,可以减少高空作业和垂直运输,也节约了模板和脚手架以及现场施工面积。升板建筑多采用无梁楼板或双向密肋楼板,楼板同柱子连接节点常采用后浇柱帽或采用承重销、剪力块等无柱帽节点。

升板建筑一般柱距较大,楼板承载力也较强,多用作商场、仓库、工厂和多层车库等。升层建筑可以加快施工速度,适用于场地受限制的施工场所。

2. 按照受力结构材料分类

（1）装配式混凝土结构建筑

装配式混凝土结构是指预制混凝土构件通过可靠的连接方式装配而成的混凝土结构,包括装配整体式混凝土结构、全装配混凝土结构等。现在的装配式混凝土结构由预制的混凝土构件,通过精密、稳定的方式在现场进行连接后进行浇筑密缝,从而形成具有一定强度的、拥有一定稳定性和抗震能力的建筑。装配式混凝土结构主要由框架和剪力墙来承受竖向及水平荷载。框架和剪力墙可以通过不同的组合形成不同的结构体系。分别为:

① 装配整体式混凝土框架结构。它是全部或部分框架梁、柱采用预制构件建成的装配整体式混凝土结构。框架结构建筑平面布置灵活,造价低,使用范围广泛,主要应用于多层工业厂房、仓库、商场、办公楼、学校等建筑。

② 装配整体式混凝土剪力墙结构。它是全部或部分剪力墙采用预制墙板建成的装配整体式混凝土结构。适合高层住宅及公寓,完全能够满足住宅户型的灵活布置;房间内没有梁柱棱角,整体美观,而且综合造价低。

③ 装配整体式框架-现浇剪力墙结构。它是全部或部分框架梁、柱采用预制构件和现浇混凝土剪力墙建成的装配整体式混凝土结构。既有框架结构布置灵活、使用方便的特点,又有较大的刚度和较好的抗震能力,可广泛应用于高层办公建筑和旅馆建筑。

④ 装配整体式部分框支剪力墙结构。它是由于剪力墙结构的平面局限性,有时需要将墙的下部做成框架,形成框支剪力墙。框支层空间加大,扩大了使用功能。可应用于底部带商业的多高层公寓住宅、旅店等。

⑤ 装配式单层混凝土排架结构。它主要由预制混凝土柱、预制混凝土屋架、预制混凝土屋面板、屋面支撑体系和柱间支撑体系等组成。屋架和柱组成的排架结构是横向抗侧力体系,柱间支撑体系是纵向抗侧力体系。这种体系的标准化和工业化程度高,构造拼接简洁,工期短,装配率及预制率

均可以做到100％。单层混凝土排架结构房屋主要使用于单层工业厂房,厂房内可以设置桥式吊车或单轨悬挂吊车,现在已经逐渐被轻钢门式刚架结构所代替。

(2)钢结构建筑

钢结构建筑主要是由钢制材料组成的,也是主要的建筑结构类型之一。钢结构主要由型钢和钢板等制成的钢梁、钢柱、钢析架等构件组成,各构件或部件之间通常采用焊缝、螺栓或铆钉连接。由于其自重较轻且施工简便,因此广泛应用于大型厂房、场馆、超高层。钢结构建筑完美地诠释了建筑工业化,其结构安全可靠。钢结构建筑的常见结构形式种类繁多,主要有多高层钢结构、门式刚架轻型房屋钢结构、大跨度钢结构和低层冷弯薄壁型钢结构。

多高层钢结构的主要结构形式有钢框架结构、钢框架-支撑结构、钢框架-剪力墙结构、钢筒体结构。由于钢结构具有一定的强度,抗压、抗挠,多用来抵抗侧应力,选用叠合楼板来承担楼盖的压力。

门式刚架轻型房屋钢结构主要由钢门式刚架、屋盖体系、屋间支撑体系和柱间支撑体系等组成。门式刚架结构横向抗侧力体系为钢梁及钢柱组成的门式刚架,纵向抗侧力体系为柱间支撑体系。根据跨度、高度和荷载的不同,门式刚架的梁、柱均可采用变截面或等截面的实腹式焊接工字钢或轧制H型钢。屋面为轻型屋面,可采用双坡或单坡排水。轻型门式刚架结构的特点:重量轻、强度高;工业化程度高,施工周期短;结构布置灵活,综合经济效益高;可回收再利用,符合可持续发展要求。门式刚架轻型房屋钢结构的主要应用是单层工业建筑厂房、民用建筑超级市场和展览馆、库房以及各种不同类型仓储式工业及民用建筑等。因其强有力的竞争力,有着广泛的市场应用前景。

大跨度钢结构主要是指空间钢结构体系。空间钢结构常见的结构形式主要有网架结构、网壳结构、悬索结构、膜结构、张弦梁结构等。

低层冷弯薄壁型钢结构是用各种冷弯型钢制成的结构。冷弯薄壁型钢由厚度为6 mm以下的钢板或带钢经冷加工成型,同一截面的厚度都相同,截面各角顶处呈圆弧形。主要适用于低层(三层以下)住宅、别墅和普通公用建筑。

（3）钢-混凝土混合结构建筑

钢-混凝土混合结构建筑是指由钢、钢筋混凝土、钢与钢筋混凝土构件中任意两种或两种以上构件组成的建筑。多高层建筑中普遍采用的混合结构形式,如:混合框架结构由钢梁-型钢混凝土柱或型钢混凝土梁-型钢混凝土柱组成,或者包括型钢混凝土梁、柱截面;框架-剪力墙混合结构有钢框架-钢筋混凝土剪力墙或混合框架钢筋混凝土剪力墙结构;框架-核心筒混合结构有钢框架-钢筋混凝土核心筒或混合框架-钢筋混凝土核心筒结构;筒中筒混合结构包括钢框筒-钢筋混凝土核心筒或混合框筒-钢筋混凝土核心筒结构。

（4）木结构建筑

木结构建筑为用木材制成的建筑。木材是一种取材容易、加工简便的结构材料。木结构自重较轻,抗震性能好,木构件便于运输、装拆,能多次使用,在古代被广泛地用于房屋建筑,也是天然的装配式建筑形式,因此中国建筑历史上留下了大量的木结构建筑。我国形成了以精密的榫卯技术为特点的木结构框架体系,如悬臂梁结构、拱结构和悬索结构,上到皇家宫殿,下到宗教寺庙、民居民宅,形成了完整的建筑特点及结构技术体系。

现代木结构建筑按结构构件采用的材料类型可分为轻型木结构、胶合木结构、方木原木结构和木结构组合建筑。轻型木结构主要采用规格材及木基结构板或石膏板制作的木构架墙、木楼盖和木屋盖系统构成的结构体系。胶合木结构主要采用层板胶合木制作的单层或多层建筑结构作为承重构件。方木原木结构主要采用方木或原木制作的单层或多层建筑结构做承重构件。木结构组合建筑主要是木结构建筑与其他材料的结构类型组合的建筑。

3. 按照装配化的程度分类

（1）全装配式建筑

这类建筑的全部构件如同机械制造产品一样,在工厂里成批生产,然后到现场装配。主要包括装配式大板、板柱结构、盒式结构、框架结构等。全装配式建筑的围护结构可以采用现场砌筑或浇筑,也可以采用预制墙板。

全装配式的主要优点是生产效率高、施工速度快、构件质量好以及受季节、天气影响小。在建设量较大而又相对稳定的地区,采用工厂化生产可以取得较好的效果。但生产基地一次投资高,在建设量不稳定的情况下,预制厂生产能力不能充分发挥。

(2) 半装配式建筑

这类建筑的主要承重构件,一部分采用预制构件,一部分现场彻筑。例如,砖混结构中砖墙用作竖向承重都在现场彻筑;楼板、楼梯为水平承重构件,一般采用预制构件,现场吊装。在大模板建筑中,一种做法是外墙板采用预制构件,内墙采用工具式模板现浇。

半装配式建筑的主要优点是所需生产基地一次投资比全装配式少,并且适应性大,节省运输费用,便于推广。在一定条件下也可以缩短工期,实现大面积流水施工,取得较好的经济效果与较好的结构整体性。

装配式建筑的应用范围十分广泛。就全装配式而言,在民用建筑方面一般以住宅居多,其次商店、餐厅、医院、旅馆、办公楼、实验楼等均可采用。在工业建筑方面,在单层工业厂房中一般已实现以装配式为主进行建造,在多层工业厂房中已较多地采用装配式建筑。半装配式建筑也已被广泛地应用于各类建筑。

2.2 装配式建筑的发展历程

2.2.1 国外装配式建筑的发展历程

一座庞大的建筑就是一项复杂的系统工程,系统的构建需要大量因子间彼此协作。建筑的落成也需要集合大量的人力、物力和财力,而复杂多样的因素有可能导致建筑的施工受各种条件限制,有可能使得项目工期加长,质量无法保障,成本剧增。随着人类的发展和科技的进步,人类设想将部分作业转移至工厂预先完成,这样既能满足时间要求,又可以保证施工的质量。

早在很久以前,世界各地就已经出现了装配式建筑的影子。比如中国古代的建筑。17 世纪欧洲用金属制造一些定型的预制构件来搭建简易的房屋,并集中生产销售。18 世纪英国发明了波特兰水泥,可以与水、石子、砂子混合形成承载力较强的构件,但是这样的构件却无法在冬季现场进行加工,于是人们也开始效仿金属构件的预制方法,将生产转移到室内。直到第二次世界大战后,战争导致住房缺乏的问题更加严重,人类的需求再一次刺激了装配式建筑的发展。

在工业化高速发展的时期,西方发达国家的装配式住宅经过几十年甚至上百年的时间,已经发展到了相对成熟、完善的阶段。最具典型性的国家就是日本、美国、法国和瑞典。各国依据自身的实际条件,选择不同的发展方式和道路,最终都获得了飞跃式的发展。日本是率先在工厂中批量生产住宅的国家;美国注重住宅的舒适性、多样性和个性化;法国是世界上推行工业化建筑最早的国家;瑞典是世界上住宅装配化应用最广泛的国家,其80%的住宅采用以通用部件为基础的住宅通用体系。这些国家的经验都为我国装配式住宅的发展提供了经验和借鉴。

1. 美国

20 世纪 30 年代,因为工业化与城市化进程的加快,以及受经济危机的影响,美国政府为扩大内需、刺激经济的发展,同时解决中低收入者的住房问题,制定了促进住房建设和解决中低收入者住房问题的政策,至此美国的建筑产业现代化迅速发展起来。

在 20 世纪 70 年代能源危机期间,装配式住宅盛行。1976 年,美国国会通过了《国家工业化住宅建造及安全法案》,同年出台了一系列严格的行业规范和标准。这些规范和标准一直沿用至今,并且与后来的美国建筑体系逐步融合。

20 世纪 80 年代是美国建筑产业现代化的形成阶段。第二次世界大战后,政府开放住宅的贷款,理顺了融资渠道,促进了建筑产业从小规模生产迅速提高到大规模生产阶段。为推动建筑产业向集约型、标准化方向发展,美国政府制定了一系列优惠政策,利用经济、法律、宏观调控等手段规范住宅市场,形成了住宅供求以市场机制为主、政府参与为辅的建筑产业发展制度。美国建筑产业基本经历了由解决住房短缺到加大住房面积,再到提高住房质量和环境质量,最后达到全面提高居住水平的发展过程。

20 世纪 90 年代至今是美国建筑产业现代化的成熟阶段。这个阶段美国不仅实现了主体结构构件的通用化,而且也形成了住宅部品市场供应体制。据美国工业化住宅协会统计,2001 年美国的装配式住宅已经达到了1 000 万套,占美国住宅总量的 7%。美国住宅市场发育完善,住宅构配件的标准化、系列化,及其专业化、商品化、社会化程度很高,各种施工机械、设备、仪器等租赁化市场非常完善,住宅主要构配件在工厂里制作,与住宅建筑市场提供的各种配套的住宅部品现场组装成整栋住宅,生产效率高。住宅建筑构件的工厂化生成降低了建设成本,提高了构件的通用性,增加了施工的可操作性。除了注重质量,现在的装配式住宅也开始注重美观、舒适性及个性化。

2. 法国

法国是世界上较早推行建筑工业化的国家之一,以装配式大板和工具式模板现浇工艺为标志,建立了许多专用体系,之后向通用构配件过渡。法国住房部提出了工业化住宅体系,它由一系列能够互相代换的定型构件组成,形成了该体系的构件目录,建筑师可以选用其中的构件,组成多样化住宅。法国的建筑工业化体系在经历了约 30 年的发展完善后,已经完成由专用体系向通用体系的过渡,这促进了法国建筑产业现代化的全面发展。

20 世纪五六十年代是法国工业化住宅需求量最大的阶段。这一时期,大中型的施工企业和设计公司联合开发出结构-施工体系。由于市场需求大,所以尽管住宅的构件并不标准,但足够大的生产规模保证了成本的合理性。因此,造成这个阶段出现“有体系、没标准”的情况。此阶段以预制大板和工具式模板为主要施工手段,侧重工业化工艺的研究和完善,忽略了建筑设计和规划设计。虽然住宅构配件在数量上能够满足需求,但其功能单一,使得建筑形式千篇一律。

20 世纪 70 年代以后,房屋需求基本上得到了解决,工业化住宅开始进入质量阶段。在这个阶段,人们提出要增加建筑面积,提高隔热、保温和隔声等住宅性能,还要求提高装修和设备水平,以改善建筑的外在形式和居住环境。1972~1975 年间,针对建筑设计和技术方面的创新,法国进行了一些设计竞赛,最后确定了约 25 种样板住宅。这些样板住宅实际是以户型和单元为基础的标准化体系。因为住宅生产规模进一步缩小,即使只有 25 种样板住宅,其每一种的生产量仍然小到无法维持,最终还是走向了衰败。1977

年,法国构件建筑协会制定了模数协调规则。但这种模数协调规则表达方式过于复杂,且易使设计僵化。因此,1978 年,法国住宅部提出在模数协调规则的基础上发展构造体系。但是把提高生产率的希望仅仅寄托于预制构件的生产方面是片面的,且不能从根本上解决问题,随后政府又调整策略,强调产业链上的所有企业、所有环节,从生产到运输、从施工到安装等,都要提高效率,革新技术。为了推行住宅建筑工业化,近年来法国混凝土工业联合会和混凝土制品研究中心把全国近 60 个预制厂组织在一起,由它们提供产品的技术,并且编制出一套 G5 软件系统,即把遵守同一模数协调规则、在安装上具有兼容性的建筑部件汇集在产品目录之内,它会告诉使用者有关选择的协调规则、各种类型部件的技术数据和尺寸数据,以及特定建筑部位的施工方法,其主要外形、部件之间的连接方法,设计上的经济性等。这套软件系统,可以把任何一个建筑设计转变为用工业化建筑部件进行的设计,并且不会改变原设计,尤其是建筑艺术方面的设计。

3. 日本

日本是世界上率先在工厂里生产住宅的国家。早在 1968 年,"住宅产业"一词就在日本出现,它是随着住宅生产工业化的发展而出现的。标准化是推进住宅产业化的基础。1969 年,日本制定了《推动住宅产业标准化五年计划》,开展材料/设备/制品标准、住宅性能标准、结构材料安全标准等方面的调查研究工作。而后分别制定了《住宅性能标准》《住宅性能测定方法和住宅性能等级标准》《施工机具标准》《设计方法标准》等。1990 年,日本推出了采用部件化、工业化生产方式、高生产效率、住宅内部结构可变、适应居民多种不同需求的中高层住宅生产体系。在推进规模化和产业化结构调整进程中,住宅产业经历了从标准化、多样化、工业化到集约化、信息化的不断演变和完善过程。日本政府强有力的干预和支持对住宅产业的发展起到了重要作用:通过立法来确保预制混凝土结构的质量;坚持技术创新,制定了一系列住宅建设工业化的方针与政策;建立统一的模数标准,解决了标准化、大批量生产和住宅多样化之间的矛盾。

目前,日本各类住宅部件(构配件、制品设备)工业化、社会化生产的产品标准十分齐全,占标准总数的 80% 以上,部件尺寸和功能标准都已形成体系。只要厂家是按照标准生产出来的构配件,在装配建筑物时都是通用的。

所以生产厂家不需要面对施工企业,只需将产品按标准提供给销售商即可。

日本住宅部件化程度很高。由于有齐全、规范的住宅建筑标准,建房时从设计开始,就采用了标准化设计,产品生产时也使用了统一的产品标准,因此建房使用部件组装应用十分普及。例如,东京的东急酒店(Tokuyoinn)是日本国内一家较大的酒店连锁集团,酒店给人印象最深的是客房卫生间。全套的卫生洁具——浴缸、坐厕、洗脸盆,以及地板、墙面,都是由一个整体部件安装而成的,没有混凝土和瓷砖,所用材料都是复合塑料材料。它们全部在工厂内生产,达到了经济而不失舒适、节简又具现代化的效果。

在日本各种建筑结构中,钢结构的建筑数量最多,多数为低层独立住宅。钢结构住宅的主要特点是:① 具有更好的抗震、防腐、耐久、环保和节能效果,能将使用面积增加 5%～8%,并得到较高的层高空间;② 可实现构架的轻量化和构件大型化,运送简便,加工性能优异,质量稳定;③ 吊装施工较为简便,比混凝土施工所需的现场劳动量小,不需要钢筋混凝土结构的养护期,可以提高施工效率。一般房屋的龙骨现场装配包括所有的精装修和设备安装,整个建造过程大约只需要 3 个月的时间,如果工厂预制,则只需一个半月左右的时间。

4. 德国

德国的装配式住宅主要采取叠合板、混凝土和剪力墙结构体系,采用构件装配式与混凝土结构,耐久性较好。德国是世界上建筑能耗降低幅度最快的国家,近几年更是提出发展被动式正能量建筑。从大幅度的节能到被动式建筑,德国都主动采取了装配式住宅,与节能标准相互之间充分融合。20 世纪末,德国在建筑节能方面提出了"3 升房"的概念,即每平方米建筑每年的能耗不超过 3 L 汽油,并且德国是建筑能耗降低幅度发展最快的国家,它还大胆地提出过零能耗的被动式建筑。被动式房屋除了保温性、气密性能绝佳外,还充分考虑对室内电器和人体热量的利用,可以用非常小的能耗将室内调节到合适的温度,非常节能环保。

德国的装配式混凝土住宅主要采取叠合板和剪力墙结构体系,剪力墙板、梁、柱、楼板、内隔墙板、外挂板、阳台板等构件采用预制构件,耐久性较好。用双面预制叠合墙板做地下室的挡土墙是非常成熟的体系,并较好地解决了地下室外墙防水的技术。采用预制构件流水线生产整体性、防水性、抗震性都比较好的预制叠合楼板和双面预制叠合墙板,可以使生产效率提高、构件成本降低,因此在欧洲很多国家和地区都比较流行。

5. 瑞典

瑞典早在 20 世纪 40 年代就着手建筑模数协调的研究,从 20 世纪 50 年代开始,在法国的影响下推进建筑工业化政策,并由民间企业开发了大型混凝土预制板的工业化体系。建筑部件的规格化在 20 世纪 60 年代大规模住宅建设时期逐步纳入瑞典工业标准(SIS)。瑞典颁布了《浴室设备配管标准》《门扇框标准》《主体结构平面尺寸和楼梯标准》《公寓式住宅竖向尺寸和楼梯标准》《公寓式住宅竖向尺寸和隔断墙标准》《窗扇、窗框标准》《模数协调基本原则》《厨房水槽标准》等,囊括了公寓式住宅的模数协调及各部件的规模和尺寸。不仅如此,为了推动住宅建设工业化和通用体系的发展,瑞典还在《住宅标准法》中规定,只要使用按照瑞典国家标准协会的建筑标准制造的建筑材料和部件来建造住宅,该住宅的建造就能获得政府贷款。20 世纪 70 年代,日本专家对瑞典和世界主要经济发达国家进行考察后说:"SIS作为全国统一规则通用体系,是世界上最完美的。"20 世纪 20 年代,瑞典新建公寓式住宅盛行,而后独立式住宅超过公寓式住宅。在那时,90%以上的独立式住宅都是以工业化方法建造的。由于工厂的生产技术较先进,同时考虑住宅套型的灵活性,瑞典的住宅生产商开始向联邦德国、奥地利、瑞士、荷兰以及中东、北非出口此类住宅,同时还打入了美国市场。

国外装配式建筑的高速发展都具有共同的特点:政府的积极支持与引导。政策上,对建筑产业现代化给予科研投入、技术指导和扶持发展的政策;在财政上,推出住宅借贷金融系统,开发商可以通过该系统低息贷款,从而兴建更多的产业化住宅,中低收入者可通过长期抵押贷款和贷款担保解决住房问题。

在坚持构配件的标准化、模数化和系列化的基础上,注重住宅的个性化、多样化发展,以经济实用为原则向多样化发展,注重高新科技在住宅中的应用和住宅的节能环保。

2.2.2 国内装配式建筑的发展历程

从国内来看,我国建筑产业现代化还在摸索阶段,国家也极大关注和重视装配式的发展。20 世纪 50 年代,为了经济建设发展,我国首先向苏联学习工业厂房的标准化设计和预制建设技术,大量的重工业厂房多数是采用预制装配的方法进行建设,预制混凝土排架结构发展得很好,使房屋预制构件产业上升到一个很高的水平,在国家钢材和水泥严重紧缺的情况下,预制技术为国家的工业发展做出了应有的贡献。

20 世纪 60 年代末 70 年代初,随着中小预应力构件的发展,城乡出现了大批预制件厂,民用建筑和工业建筑都有它的踪迹,预制件行业开始形成。

20 世纪 80 年代,国家发展重心从生产逐渐向生活过渡,城市住宅的建设需求量不断加大,为了实现快速建设供应,借鉴苏联和欧洲预制装配式住宅的经验,我国开始了装配式混凝土大板房的建设,并迅速在北京、沈阳、南宁、太原、兰州等大城市进行推广,特别是北京市在短短 10 年内便建设了2000 多万平方米的装配式大板房,装配式结构在民用建筑领域掀起了一次工业化的高潮。但由于当时国家经济还相对薄弱,基础性的保温、防水材料技术还比较低级,起重设备缺乏而难以全面推广,并且所建房屋在保温隔热、隔声防水等性能方面普遍存在严重缺陷,技术标准发展没有跟上新的抗震规范发展,首轮分配到大板房的居住者多数是中高层干部,在体验了大板房"夏热冬冷"的特点后,进一步影响了消费者的信心。

20 世纪 90 年代初,国家开始实行房改,住宅建设从计划经济时代的政府供给分配方式向市场经济的自由选择方式过渡,住宅建设标准开始多元化,预制构件厂原有的模具难以适应新住宅的户型变化要求,其计划经济的经营特征无法满足市场变化的需求,装配式大板结构几乎全部迅速下马,被市场淘汰,编制的行业标准《装配式混凝土结构技术规程》(JGJ 1—2014)也被束之高阁。

21 世纪我国的经济水平和科技实力不断加强,各行各业的产业化程度不断提高,建筑房地产业得到长足发展,材料水平和装备水平足以支撑建筑生产方式的变革,我国的住宅产业化进入了一个新的发展时期,又由于受到劳动力人口红利逐渐消失的影响,建筑业的工业化转型迫在眉睫,但由于我国预制建筑行业已经停滞了近 30 年,专业人才断档,技术沉淀几近消失殆尽,众多企业和社会力量不得不投入大量人力、物力和财力进行建筑工业化研究,从引进技术到自主研发不断积极探索。

2004 年,政府提出了发展节能省地型住宅的要求,即"五节一环保",并在《住宅建筑规范》(GB 50368—2005)、《住宅性能评定技术标准》中做了具体详细的要求。2013 年,国家发改委和住房城乡建设部要求把建筑产业化作为重点内容,并开始要求开展建筑示范试点和推行住宅全装修,要求加快标准体系的建设、提高建筑产业化技术集成水平。2016 年,国务院提出要大力推广装配式建筑,减少建筑垃圾和扬尘污染,缩短建造工期,提升工程质量;制定装配式建筑设计、施工和验收规范;完善部品部件标准,实现建筑部品部件工厂化生产;鼓励建筑企业装配式施工,现场装配;建设国家级装配式建筑生产基地;提出"建筑八字方针":适用、经济、绿色、美观;力争用 10 年时间,使装配式建筑占新建建筑的比例达到 30%。

装配式建筑的发展之路虽然磕磕绊绊,但是一直都没有停止过。自 20 世纪 90 年代以来,由于我国建筑业一直以现浇施工为主,预制装配式建筑案例较少,因此熟悉预制构件的技术和管理人才较少。同时,生产预制构件所需要的模具、设备、配件产品匮乏,难以支撑建筑产业化发展的需要,成为制约我国建筑产业化发展的主要因素。

为了满足建筑产业化发展的需求,很多企业不得不投入重金进行技术和产品的引进。在消化吸收国外先进经验的同时,加强自主研发创新,同时进行人才培养,并得到了各级政府建设行政主管部门的重视,协调大专院校和科研机构、设计单位、生产施工企业之间展开合作,共同进行技术和产品研发以及人才培养,相关产品标准和技术标准的逐步建立为建筑产业化的发展保驾护航。2014 年 10 月 1 日,《装配式混凝土结构技术规程》(JGJ 1—2014)正式生效,《混凝土结构工程施工质量验收规范》(GB 50204—2015)也纳入了装配式结构的内容,为我国装配式混凝土建筑的设计、生产、施工和验收提供了技术依据。经过 10 多年的积累和发展,我国已经涌现出一批专门从事装配式建筑研究的企业,可以为开发商、设计单位、构件厂和施工单位提供技术和产品支持。较为成熟的技术和产品有灌浆套筒钢筋连接技术、夹心三明治保温墙板技术和预制构件专用预埋件产品等,急速缩短了与发达国家之间的技术差距。

国内装配式建筑经过几年的发展,一些企业已经取得了一定的成绩。

1. 上海城建集团

上海城建集团于 2011 年成立了预制装配式建筑研发中心。以高预制率的"框剪结构"及"剪力墙结构"为主,城建集团拥有"预制装配住宅设计与建造技术体系""全生命周期虚拟仿真建造与信息化管理体系"和"预制装配式住宅检测及质量安全控制体系"三大核心技术体系。城建集团建立了国内首个"装配式建筑标准化部件库"。通过实行 BIM 信息化集成管理,城建集团已实现了利用 RFID 芯片、以 PC 构件为主线的预制装配式建筑 BIM 应用构架的建设工作,并在构件生产制造环节进行了全面的应用实施。目前,企业已制定的标准有《上海城建 PC 工程技术体系手册》(设计篇、构件制造篇、施工篇)、上海市《装配整体式混凝土住宅体系施工、质量验收规程》、上海市《预制装配式保障房标准户型》。

2. 中南集团

中南集团成立了国家级"可装配式关键部品产业化技术研究与示范"生产基地。NPC 技术(全预制装配楼宇技术)是一种新型混凝土结构预制装配技术,该技术用于解决装配式混凝土结构上下层竖向预制构件之间的钢筋连接。《装配式混凝土结构设计规程》(JGJ 1—2014)将其定义为装配式混凝土结构钢筋浆锚连接技术。在已完工的工程中经专家鉴定测算,整体预制装配率达到 90% 以上,每平方米的木模板使用量减少 87%,耗水量减少 63%,垃圾产生量减少 91%,并避免了传统施工产生的噪声,技术达到国内领先水平。

3. 远大住宅工业有限公司

远大住宅工业有限公司(远大住工)是国内第一家以"住宅工业"行业类别核准成立的新型住宅制造企业,是我国综合性的"住宅整体解决方案"制造商。与传统建筑相比,远大住工 PC(预制混凝土构件)的全生命周期绿色建筑,具有节水、节能、节时、节材、节地和环保的"五节一环保"特点。该公司不断进行技术创新,优化建筑体系和住宅模式,运用前沿的预制混凝土构件和开放的 BIM 技术平台,建立健全并丰富和发展了工业化研发体系、设计体系、制造体系、施工体系、材料体系与产品体系,强化了质量可控、成本可控与进度可控等多项技术优势。

2.3　装配式建筑与传统建筑的对比

相较于传统的现浇结构物的建造方式,装配式建筑在各个方面都逐渐展现了它独特的优势,在保证质量的同时,不仅能提高生产率和改善施工环境,而且能够显著优化扬尘质量和提高工程效益。

2.3.1　生产方式对比

长期以来,我国的建筑业以劳动密集型、粗放式管理为主要特征,在质量、环境、资源、效率等方面问题突出。在全过程生命周期中,相对于传统的现浇结构物的建造方式,装配式建筑在设计阶段、建造阶段、管理阶段等都具有独特的优势,在保证质量的同时,不仅可以提高生产率和改善施工环境,而且可以显著优化工程质量和提高工程效益。在设计上,传统施工生产方式不注重设计施工的一体化,往往设计和施工相互独立;装配式生产中注重一体化和标准化的设计以及信息化的协同,将设计与施工紧密地结合在一起,减少了设计上的不合理与施工中的错误。在施工上,传统施工生产湿作业和手工操作内容劳动强度大,工人的综合素质和现场的工业化水平严重影响了施工质量;装配式生产带动了现场的工业化水平,高质量构件提高了建筑施工的质量。在装修上,传统生产方式在施工完成后需要进行二次装修;装配式生产中设计一体化将装修和结构一致化及装修和设计同步化。装配式生产方式的先进性更加符合社会发展的需要,其生产施工技术手段的改变,有效地解决了传统建筑施工方式造成的一系列质量通病问题;降低了能耗和减少了环境污染;提高了施工效率并缩短了施工工期;符合新型城镇化的发展要求。

传统施工生产方式与装配式生产方式的区别可总结如下:一是理念不同,体现在系统化思维模式的差异性;二是方法不同,体现在一体化建造方法的差异性;三是模式不同,体现在工程总承包管理的差异性;四是路径不同,体现在新型工业化道路的差异性;五是效益不同,体现在整体效益的差异性。由对比情况分析可知,装配式生产方式更加符合现代社会的发展要求,顺应了建筑业发展绿色化、信息化和工业化的发展趋势,对促进传统建筑施工企业战略转型具有重要影响。

2.3.2　成本对比

关于装配式建筑与现浇建筑的成本对比,可以从建筑设计、桩基工程、建筑工程、安装工程与装饰装修工程等五个方面进行分析。

1. 建筑设计的成本差异对比

传统现浇建筑的设计阶段主要包括方案设计、初步设计、技术设计和施工图设计,而装配式建筑的设计阶段要比传统设计多了一个拆分构件设计过程,装配式建筑的拆分构件设计主要是在前期设计的基础上,把建筑结构拆分为各类预制构件,这些预制构件的详图设计及吊装设计也需要在设计阶段完成。因此,由于装配式建筑多出的这一设计阶段,其设计成本相比传统建筑设计成本偏高。目前,我国装配式建筑正处于初期阶段,有装配式建筑设计资质的企业更是寥若晨星,这也导致了装配式建筑设计技术和理念不够成熟、竞争不够激烈且设计费用昂贵。

2. 桩基工程的成本差异对比

装配式建筑与传统现浇建筑的桩基工程几乎没有差异,这主要是由于无论是装配式建筑还是传统现浇建筑在桩基工程方面采取的都是现浇工艺。除此之外,目前装配式建筑首层和二层一般也为现浇建造方式,三层以上改为装配式建造方式。

3. 建筑工程的成本差异对比

装配式建筑的增量成本主要来自建筑工程。分析装配式建筑和传统现浇建筑在建筑工程方面的差别可知,两种建造方式的差异主要集中在预制构件方面。预制构件需要在预制工厂进行生产、加工,在施工吊装时提前运输至施工现场,再利用机械吊装至合适位置,这期间的一系列费用相比传统现浇建造方式的成本都要偏高。而且我国预制工厂的数量较少,装配式建筑项目占新建建筑的比例较低,预制工厂难以进行规模化生产,从而导致预制构件的生产加工成本难以利用规模化优势来降低。而预制构件增加的成本又不能被装配式建筑其他方面成本的降低而抵消,因此导致在建筑工程方面,装配式建筑的增量成本十分明显。

4. 安装工程的成本差异对比

在安装工程方面,传统现浇建造方式的成本低于装配式建造方式的成本,这是由于装配式建筑项目中电气工程和水暖工程导致的成本上升。但是随着装配式建筑的进一步发展及装配式建筑设计的一体化,目前装配式建筑的安装工程费用比现浇建筑来说正在逐步下降。在一些案例中,装配式建筑安装工程的成本甚至低于传统现浇建筑的安装成本,这主要是由设计一体化的结果,在预制构件详图设计时,已经考虑了一些设备的安装,预留了管件并采取了相应措施,因此随着装配式建筑的发展,其安装工程成本相比传统现浇建筑的安装工程成本要低。

5. 装饰装修工程的成本差异对比

在装饰装修工程方面,装配式建造方式体现了它的优越性,装配式建筑在装饰装修工程方面的成本低于传统现浇建筑。这个成本差异还是源于装配式预制构件,由于预制构件在工厂生产加工,而工厂的生产环境要远远优于现场施工环境,工厂对预制构件生产的控制措施也要远远强于施工现场。因此,装配式建筑不会像传统现浇建筑一样,出现大量的墙体或楼地面不平整、空鼓等施工顽疾。这些表面的不平整需要建筑工人进一步地做抹灰处理,这不仅需要耗费大量的材料,也增加了人工和机械等相应的费用。除此之外,装配式建筑在装饰装修方面相比传统现浇建筑的工期短,可以降低机械设备等的租赁费用。

至此可以发现,装配式建筑和现浇建筑在各部分工程成本方面是有很大差异的。装配式混凝土建筑在建筑工程成本、安装工程成本上比传统现浇建筑高,而装饰装修工程成本低于传统现浇建筑,桩基工程成本两者几乎相同;但从整体来看,装配式建筑比传统现浇建筑每平方米造价高。

2.3.3　造价对比

传统现浇住宅的建造方式是将原材料通过运输车运到施工现场堆放与入库,施工现场工人绑筋支模浇筑混凝土,从而制成住宅产品。

传统式建筑施工方式的造价由人工费、材料费、机械费、措施费、企业管理费、利润、规费和税金构成,其中人工费、材料费、机械费是造价的主要组成部分,它不仅是预算取费的计算基础,还是施工企业的主要支出费用。在造价构成中,对其起主要作用的是直接费用的高低,企业可以根据自身情况来调节间接费用和利润,而规费和税金均属于非竞争性取费,它们的费率标准不能够自由浮动。

装配式结构施工是将原材料运至预制构件厂加工成预制构件,再通过运输车运至施工现场装配,从而制成住宅产品。

装配整体式结构施工方式的造价构成与传统施工方式基本相同,在组成因素上包括预制构件生产费、运输费、安装费和措施费。装配整体式结构施工方式的管理费和利润也都取决于施工企业本身,规费和税金同样都是固定费率,而对工程造价起关键性作用的则是构件生产费、运输费和安装费的高低。其中构件生产费包含模具费、材料费、工厂生产费(包括人工和水电消耗)和摊销费、工厂的利润及税金。运输费主要包括从工厂将预制构件运输至工地的运费和施工现场内的二次搬运费。安装费主要包括安装人工费、专用工具摊销及构件垂直运输费等费用。措施费主要包括模板和脚手架费用,提高预制率可有效节省大量措施费。

通过比较能够看出,由于装配式建筑的生产方式不同于传统现浇建筑,从而导致了两者的直接费用构成存在相当大的差异,但这两种方式造价的高低均取决于直接费用的高低,如果要使装配整体式结构的造价低于传统建筑方式,只有降低预制构件的生产费、运输费和安装费。此外,装配式建筑构件制作造价高,模具周转率低,摊销大,且制作规模小,配套设计费用高,但现场工人最多可减少 89%。传统现浇建筑方式住宅人工费与管理费较高,保温材料无法实现与建筑物同寿命。

2.3.4　综合对比

1. 建造流程方面

传统现浇建筑建设流程按照工序上的先后顺序,以及从下往上、从内往外的原则,主要是先进行地基的处理与桩基础工程,接着依次进行基坑开挖与支护、基础工程、主体结构工程、砌筑工程和屋面工程、外墙保温防水、内墙抹灰门窗,在建筑的结构工程完工后,还要进行安装工程、室外工程,最后进行竣工验收工作。这样的工作流程会使工程的工期受到前期和后续工作的严重影响,不利于节约工期。

相较于传统现浇建筑的建设方式,装配式建筑的建设方式相对灵活,前后工序的影响减弱,可以同时进行多项构件的生产加工,在结构进行吊装的过程中,不影响其他构件的生产加工。在完成基坑的挖、填、支护后,完成垫层、基础的浇筑、支护,并回填上性质良好的土壤,接着吊装预制构件,完成整体结构的安装、结构连接和接缝浇筑,然后进行室内外的装饰,最后是竣工验收。

2. 用量方面

在用量方面,将从三个主要的方面进行对比,分别是用工量、用时量和用料量。

在用工量方面,装配式建筑较传统现浇建筑增加了构件吊装工序,现场需要从事其工序的吊装工,但装配式建筑施工现场减少了木材的使用,构件在工厂成型,减少了其在施工现场木工、混凝土工量等。综合对比,装配式建筑较传统现浇建筑用工量减少约 30%,现场预制率的大小对用工数量有显著影响。

在用时量方面,装配式建筑在预制构件厂生产完成构件的生产加工,并及时运输到施工现场进行组装,并且在边生产边利用的原则下,减少了堆放时间。在主体施工阶段,装配式建筑的水电安装及装修可同步穿插进行,装配式构件简易工序大大减少了装配式建筑工序上的时间。但是,由于国内的装配式建筑发展还处于起步阶段,设计、技术等均处于探索阶段,因此纯毛坯房装配式建筑用时并没有太明显地缩短,有时甚至高于现浇结构。

在用料量方面,装配式建筑相较于传统现浇建筑在含木模板用量上明显减少,但是在含钢筋、混凝土用量方面却增加了 5%～7%。

3. 施工节能方面

查阅各种书籍、文献及相关实例并进行对比发现,以装配式建筑预制率 45% 为基准可以得出:在施工用水方面,装配式建筑 11 kg/(月·m³),传统现浇建筑 15 kg/(月·m³);在施工用电方面,装配式建筑 0.65 kW·h/(月·m²),传统现浇建筑 0.83 kW·h/(月·m²);在产生建筑垃圾方面,装配式建筑 4.6 kg/(月·m²),传统现浇建筑 7.5 kg/(月·m²)。根据以上数值,可统计分析并归纳得到(以装配式建筑预制率 45% 为基准)装配式建筑在节水、节电和节材方面有明显优势。

4. 成本方面

我国很早就开始推广与发展装配式建筑,但过程却一波三折,一直未被建筑业高效运用。一方面是由于现浇混凝土建筑的快速发展,另一方面是由于当时技术的局限,导致发展装配式建筑所需的重要基础——预制构件生产运输成本过高。现如今,随着 BIM 技术的发展、运用和科学技术的进步,装配式建筑的发展也渐入佳境。据我国住建部住宅产业化促进中心测算,装配式建筑的单方造价建筑均值已逐渐接近传统现浇建筑。日后,随着我国的发展、时间的推移和技术的革新,装配式建筑的预制成本将逐渐低于现浇成本,可降到普通住宅用户可接受的成本之下。

综合对比,装配式建筑作为建筑现代化发展重要的载体,实现了手工生产转变为机械生产、工地生产转变为工厂生产、现场制作转变为现场装配、农民工转变为产业工,展现了其全性能佳、生产效率高、劳动强度低、建筑质量高和节能环保等强大优势。

2.4　装配式建筑的优势分析

2.4.1　生产优势

装配式生产的发展是我国建筑业发展的重要方向,对我国建筑业的发展具有重要意义,也是建筑产业发展的必然趋势和必由途径。装配式建筑在生产上的优势主要体现在以下几个方面:

① 提高工程建设的效率,缩短工期。工业化采用了标准化的设计方案,在预配件工厂统一生产,再采用机械化流水施工,可以大大缩短工期、提高劳动生产率、降低劳动力成本和增加经济效益。预制建筑可以在短时间内竣工完成,可以在现场生产所需要的基本构件并进行组装,可以减少工人的工作量和现场湿作业量。与传统现浇建筑施工企业相比,装配式生产在行业中具有极大的竞争优势。

② 有利于节能减排。装配式建筑的预制构件是在工厂进行规模化生产的,工厂远离住宅区,减少了噪声污染和扬尘污染对施工现场周边居民的影响。在建筑施工过程中,装配式建筑广泛采用节地、节水、节能、节材、环保低碳等绿色材料与施工技术,贯彻“十三五”规划的绿色施工理念和国家的绿色标准,产生较好的经济和社会效益。

③ 保证施工质量。装配式建筑的构配件的规模化生产,与传统现浇方式相比,其生产过程标准化,能够细致地完成构件的每一道生产工序,并且机械化生产减少了人工的使用,可以确保构件在施工过程中的精度,进而能够减少或避免施工过程中的质量问题,提高了建筑整体的防火性、耐久性和安全等级,使工程质量和管控有了更好的保障。例如,外墙保温层可以在工厂内合成在构件中,也被称为“三明治”墙板,相对于现场保温层施工,具有质量高、耐久性好、寿命与构件相同等特点;同时因为使用了很多轻质材料,在节能环保方面起着重要作用,确保了建筑工程项目的质量。

④ 提升工业化水平。建筑工业化是一个集设计、施工、装饰和经营于一体的系统工程,是一个集成、演变再集成的动态调整过程。随着产业升级,建筑业的发展得到了不断提升。技术升级和跨界融合思维在这里得到了更

全面的体现,增加了建筑业的附加值。

⑤ 提高资金周转利用率。装配式生产部品和构配件生产施工方式,采用了标准化设计、机械化施工、工厂化生产以及科学化管理,能够有效节约时间和降低成本。随着建筑产业化的发展,建筑施工已经从"一砖一瓦"的人工方式堆积转变为由预制构配件现场组装成建筑整体的方式,可以提高建筑施工的效率,缩短工期,加快资金周转,从而提高经济效益。

⑥ 有利于文明施工和安全管理。传统的施工现场主要依靠施工作业人员进行操作,工人多,工种繁杂,现场安全隐患较多;而装配式生产主要是在工厂内利用机械进行一体化生产,现场只需少量操作工人,这大大减少了现场安全事故的发生;而且现场整洁,对周边影响降低,文明施工程度大幅度提高。

装配式生产解决了传统建筑施工方式的质量通病、建设工期长、环境污染严重、劳动强度大、材料浪费等问题,具有质量好、效率高、施工快等优点。我国政府大力推动发展装配式生产。在国家的大力支持下,建筑企业正在根据政策环境和自身发展情况,积极响应国家号召进行企业战略转型,在建筑领域中尽快获得竞争优势。传统建筑施工企业向装配式生产战略转型是必然趋势。

2.4.2　成本管理优势

目前,装配式建筑在生产成本上有轻微的劣势,但是在其他无可比拟的优势上间接地节约了成本。传统现浇建筑由于发展时间长且快速,现有技术工艺十分成熟,成本上相对较低。在国内,装配式建筑的发展还不够先进,对于技术的把控还处于探索阶段,落后的工艺和匮乏的配套产业链加大了成本开支。但是,装配式建筑秉持绿色、环保、可持续的理念,一定程度上节约了水和电,工厂化的加工模式克服了现场环境对于材料的浪费,从而节约了材料,减少了由于材料质量不合格而产生的返工成本。装配式建筑的多数构件采取工厂化的加工,减少了前后工序的影响以及混凝土养护的时间,从而节约了工期,间接降低了成本。

2.4.3　质量控制优势

1. 工厂化的标准生产

装配式建筑将结构拆解成一个个独立的构件,单独进行设计后在工厂里进行加工。工厂规范化的生产和标准化的加工,将外观和性能紧密结合,降低了传统施工方法导致的各种问题,减少了返工和建筑的危险隐患问题。

2. 湿作业工作减少

现场的湿工作多会导致质量难以控制。在传统建造方式中,需要进行大量的湿工作,在搅拌、运输过程中都需要严格把控时间、用量、温度、环境,规划好各种路径,预设可能出现的风险,想要控制好建筑的质量需要花费大量的时间和经济成本。而装配式构件全部交由专业的规范化生产厂家进行生产,可以严格地控制环境的影响范围,从而减少了建设过程的返工问题。

3. 吊装装配精度高

装配式构件运输至现场后,交由专业的吊装工人进行安装、连接与灌缝,可以充分保障建筑的质量。

2.4.4　安全控制优势

与传统现浇建筑相比,装配式结构部件,前期采用工厂高精度生产制作,产品生产由高科技生产设备把控;现场施工由机械化操作,降低了人工作业误差,质量更有保障,施工更加安全;施工效率可以提高 4~5 倍。

装配式建筑可以在工厂制造环节中进行楼房精装修,施工工地无火、无水、无尘、无味;施工时也大大减少了砂、石、灰的用量,且不用焊割,不用水泥,不搭纱布,建筑垃圾不到常规建筑的 1%;所用材料主要是可以 100% 回收或降解的绿色材料。这样,大大提高了环境安全。

信息化的管理,可以减少管理中可能出现的信息遗漏和过多的安全事故种类。

2.4.5　进度控制优势

传统现浇建筑施工周期较长,各个结构和主体间的施工通常是分别进行的,各个楼层间的施工从下向上依次进行,通常一层楼大概需要一周甚至更长的时间;施工中也往往会受到很多因素的影响,工期不可避免地会被拖延。有时由于需要追赶预期进度,可能还会存在质量不达标的工程,使成本的投入也会相应地增加。装配式建筑通过在工厂加现场一体化的施工,以及现场以吊装拼接为主,不易受天气影响,因此可以降低现场湿作业的施工,也可以多层同时进行施工,实现立体交叉作业;机械化的操作,可以加快施工速度,缩短工期,确保质量。例如,早期日本的 100 户五层住宅的建设工期,若采用传统施工方法为 240 天,而采用装配式建筑、构件采用工厂预制、现场机械吊装的施工方法后,只用了 180 天,工期缩短了 25%。

第3章 装配式建筑全寿命周期综合效益

3.1 相关理论概述

3.1.1 全寿命周期理论

全寿命周期理论,是指在初始设计阶段就考虑到产品寿命周期中的所有环节,并使所有可能的因素在设计阶段就得到综合规划和优化的一种设计理论。这一理论最早于 20 世纪 60 年代出现在美国,美国国防部开始在军工生产中向全寿命周期设计方向发展,其激光制导导弹、军队航母等武器系统的试验项目、全规模开发项目及生产项目都采用了这种方法。自此以后,很多支持全寿命周期设计的工具软件相继开始研制和开发。到目前为止,全寿命周期理论已经被各国广泛应用于交通运输、国防建设、能源工程等各个领域。

全寿命周期理论通过组织集成将运营阶段的信息向设计阶段集成,管理的周期也由原先以建设阶段为主转变为以运营阶段为主的全寿命模式,这样能够更加全面地考虑项目所面临的机遇和挑战,更加有利于提高项目价值。全寿命周期理论具有宏观预测与全面控制两大特征。一方面,它涵盖了从初期规划设计阶段到报废处置阶段的整个寿命周期,避免了短期决策行为,并从制度上保证了全寿命周期理论的应用。另一方面,这一理论打破了各部门边界,将规划设计、建设、运行等不同阶段结合起来统筹考虑,从企业整体利益出发寻求最佳方案。

全寿命周期理论在多个领域都有长足的发展,特别是在建设项目方面的发展尤为突出。建设项目全寿命周期是指建设项目从策划阶段到报废阶段的全过程。在全寿命周期中,建设项目共需经历前期策划、设计规划、建设施工、运营使用和报废回收这五个阶段。

3.1.2　综合效益理论

效益可以从效果和利益两方面来考虑,可以是劳动占用、劳动消耗与获得的劳动成果之间的比较,也可以是项目对国民经济所做出的贡献。就利益本身而言,它指的是从某项活动所占用和消耗的工作中获得的收益,我们称之为活动的利益。也就是说,我们可以把效益理解为一定的投入所带来的产出收益,它可以是直接有形的,也可以是间接无形的。效益不仅包括经济方面,还可以包括社会、环境、安全等各个方面。

经济效益是指人们在社会经济活动中所取得的收益性成果,即通过商品和劳动的对外交换所取得的经营成果。经济效益的提高,意味着更多产品和劳务产出,也就意味着收入和盈利的增加及资金的积累,从而有利于国民经济和社会的发展。

社会效益是指最大限度地利用有限的资源满足社会上人们日益增长的物质文化需求。社会效益的提高,有利于保障社会安定、促进经济发展以及提高人民生活质量。

环境效益是指实施项目后对水环境、气候及生活环境等的改善所获得的利益。提高环境效益,能够改善人们日常生活环境水平,营造良好的生活氛围。

安全效益是指安全在原有水平的基础上提高后企业和社会得到的,或将能得到的更多价值或收益性成果。安全事关重大,只有提升了安全效益,其他效益才有保障。

所谓综合效益,简单来说就是以保证整个项目持续稳定发展的经济、社会、环境、安全等方面的完整效益体系。换言之,项目的综合效益是指整个社会从项目中获得的所有有形或无形效益与其总成本的比较。因此,项目的直接或间接效益能以价值的形式体现的仅为综合效益的一部分,而环境效益、社会效益、安全效益和其他效益这些难以量化的效益也是综合效益中不可缺少的一部分。

3.2　装配式建筑全寿命周期的概念及构成

3.2.1　装配式建筑全寿命周期的概念

装配式建筑全寿命周期,是指装配式建筑从项目启动决策阶段、配件设计及工厂标准化施工建造阶段、运营使用阶段到回收拆除阶段所经历的全过程。建立装配式建筑全寿命周期这一概念是以项目各参与方之间更好地共享信息为目标,在装配式建筑全寿命周期中不仅要关注各阶段每个个体的任务,而且要把项目全过程各阶段都集成在一起,从而使得项目的整体达到最优。

装配式建筑全寿命周期有很多特点。首先,它强调信息的管理和共享,在装配式建筑全寿命周期的各阶段内,工程参与各方都能够有效地进行信息交流与协同工作,降低沟通不畅、信息传递不准确等风险。其次,在装配式建筑全寿命周期的每个阶段,都可以将装配式建筑项目实施过程中分散在不同物理地点和不同信息管理系统中的结构化和非结构化的信息进行集成化的管理,从而为项目参与各方提供高效信息、沟通和共同工作的平台环境。

装配式建筑全寿命周期的全过程,不仅是相关干系人员集体参与、相互协调与共同完成的过程,也是装配式建筑项目参与各方有效地进行信息的创造、交流、协同与集成的过程。除此之外,在这一过程中,装配式建筑的经济效益、环境效益、社会效益和安全效益也有着集中的体现。

3.2.2　装配式建筑全寿命周期的构成

装配式建筑全寿命周期可以分为决策阶段、设计准备阶段、施工阶段、使用阶段和回收拆除阶段。

装配式建筑的决策阶段是指决策者通过运用一定的分析技巧、分析方法和分析工具,以获得的项目信息与自己的经验为基础,通过分析影响某一特定目标实现的各种因素,选择最满意的方案来决定未来行动的过程。一方面,装配式建筑由于其目标体系不同于一般传统建筑,所以在决策阶段不仅要考虑经济效益目标,还要考虑社会效益目标、环境效益目标和安全效益目标,要实现几个目标之间的有机统一。另一方面,装配式建筑项目与传统建筑项目在决策阶段的区别是对构件设计图的分析和构件设计尺寸的划分。

装配式建筑的设计准备阶段是指在项目可行的情况下,对项目的启动进行一系列的规划安排和实施计划,主要工作是通过设计把决策阶段关于成本效益和低碳节能环保等目标用图纸的形式进行表达,为建设阶段具体实施提供基础。与传统建筑项目的设计准备阶段的工作相比,装配式建筑项目的设计准备阶段的工作包含了更多更高的要求,如全寿命周期效益最大化、实现信息集成与环境相协调等。此外,这一阶段本身发生的费用虽然在装配式建筑项目全寿命周期中所占比例不大,但对整体造价的影响却可以达到70%以上,因此更要特别注重这一阶段的综合效益分析。

装配式建筑的施工阶段是指从基础工程到主体工程的现场安装或浇筑到总体竣工的全过程。在建设阶段,与传统建筑施工相比,装配式建筑的施工要求更高、覆盖面更广。装配式建筑施工强调在施工中体现协调可持续的理念,它通过采用全面的施工规划、适当的施工工艺与高效的管理制度,使施工活动的效率最大化,并且达到降低能耗及循环利用资源的目的。同时,装配式建筑施工还对参与施工活动的主体提出了具体的要求,它要求建设方、施工方、监理方等都具备较强的协同意识。

装配式建筑的使用阶段是指从工程验收到拆除之间的阶段,约占建筑全寿命周期的三分之二。由于装配式建筑使用运营维护阶段的时间跨度大,因此在该阶段消耗的成本远高于全寿命周期中的其他阶段。但与传统建筑相比,装配式建筑秉承节能环保、可持续发展的理念,采用先进的节能技术及材料,使其在使用过程中能够节省大量成本,从而获得更大的效益。

装配式建筑的回收拆除阶段主要是指建筑物达到设计寿命或由于规划的需要而进行的拆除和回收的过程。与传统建筑相比,由于装配式建筑在施工阶段采用了大量的高新施工技术,选择了更加环保节能的施工材料以及与之相适应的施工设备,所以在拆除时能够回收比传统建筑更多的可重复利用材料。[31]

3.3　装配式建筑全寿命周期综合效益的概念

从宏观上讲,装配式建筑的综合效益是指建筑能够从社会效益、环境效益、经济效益和安全效益等方面满足人们在生产和生活各个方面的综合能力,包括保护人民生命安全、节约生产和生活成本、为生活和生产活动提供便利以及满足环境保护要求的能力。

装配式建筑全寿命周期综合效益,是指装配式建筑从决策开始到回收拆除的全寿命周期内所产生的在经济、社会、环境、安全等各个方面的综合影响力。相比于装配式建筑的综合效益,这一概念增加了"全寿命周期"这一范围,即在装配式建筑的决策阶段、设计准备阶段、施工阶段、使用阶段和回收拆除阶段中综合考虑装配式建筑的经济效益、社会效益、环境效益和安全效益。在这种情况下,不仅要考虑到经济效益、社会效益、环境效益和安全效益对装配式建筑生产过程的影响,还要将装配式建筑每个阶段的各参与方和每个阶段的信息汇总集成在一起来综合考虑这四个效益,这样才能够更好地体现装配式建筑综合效益的整体性、综合性和集成性的特点,从而更深层次地综合分析这四个效益给装配式建筑所带来的影响。[32]

3.4　装配式建筑全寿命周期综合效益的内容

装配式建筑全寿命周期综合效益的内容可以划分为五个阶段、四个方面、三个层次、两个对比和一个体系。五个阶段是指装配式建筑的全寿命周期,即决策阶段、准备阶段、建造阶段、使用阶段和回收拆除阶段。四个方面是指对综合效益的评价从社会效益、环境效益、经济效益和安全效益四个方面入手。三个层次是指根据层次分析法,将装配式建筑综合效益评价指标体系的主要内容划分为目标层、准则层和指标层三个层次。两个对比是指在进行装配式建筑综合效益分析时,以传统建筑综合效益为参照进行两两对比。一个体系是指最终构建出一个装配式综合效益评价指标体系。

3.4.1　装配式建筑全寿命周期的经济效益

装配式建筑全寿命周期的经济效益可以从以下几方面看出。

首先,从工程质量方面来看,装配式建筑在施工时多采用预制构件,它能有效地解决传统现浇作业施工建筑中易产生的防水、防渗、保温等质量通病。通过预制混凝土工厂流水线生产的构配件,质量性能稳定,表面平整美观,还可将产品防水、防火、保温等专业要求融入生产要求当中,统一设计、统一生产,这可以大大降低差错率。相比于现浇加工,预制产品在精度和加工质量方面水平的提高可明显提升整体工程质量。而工程质量的提高,能够有效提高各个构件的耐久性,降低后期的维护费用,可以使建筑物的使用寿命延长 10~15 年。由此带来的经济效益十分明显,也有利于结构百年设计目标的实现。

其次,从工程工期方面来看,由于装配式建筑在建造过程中所用到的构件大部分可以采用工厂预制生产,因此目前装配式建筑预制构件市场化程度逐步得到了提高,工程工期也相应明显缩短了。一方面,大大减少了现场现浇作业量以及现场湿作业环节,并且在提升工程质量这一前提下,达到节省工期、加快施工进度的目的。另一方面,装配式建筑可以通过统一设计与统一施工将各个过程融合成一个整体,通过企业预制生产、项目施工场地装配施工及项目检查同步展开,做到了信息畅通和工程管理实时同步,推动了建筑业转型升级和装配式建筑工业化,从而达到提升建筑行业工程质量以及提高行业效率的目的,实现节约造价、节省人工、节省工期的经济效益。

最后,从成本方面来看,施工成本主要由人工成本、材料成本和运输成本等多个组成部分。在装配式建筑的施工过程中,其构建主要是由工厂预制后,直接运输至现场进行装配施工,所以其在材料运输成本以及施工安装成本方面,相比于传统现浇建筑具有较大优势。建筑使用成本主要包括管理成本与能耗成本。在装配式建筑的使用过程中,由于应用了先进技术与设备,使用管理的工作效率大大提高,因此从根本上降低了建筑管理成本。与此同时,在装配式建筑中大量应用环保材料与新型能源,有效地降低了装配式建筑在使用过程中的能源消耗,这在一定程度上也降低了建筑的使用成本。与传统现浇建筑全寿命周期成本比较,上述特点体现了装配式建筑的经济效益。

3.4.2　装配式建筑全寿命周期的环境效益

装配式建筑全寿命周期的经济效益可以从以下两方面看出。

首先,从环境污染方面来看,传统建造模式的施工方法容易导致混凝土和钢材等建筑材料的严重浪费,建造过程中往往也会产生大量的建筑垃圾和污染,并且在建筑物拆除后大部分的现浇构件无法回收再利用,从而影响城市环境和形象。而装配式建筑材料利用率高,资源能源消耗较少,使用绿色环保的建筑材料和生产工艺,还能够有效地减少扬尘污染和建筑垃圾,这不仅改善了施工现场工人的作业环境和生活环境,也能使回收拆除阶段的构件再利用率达到70%以上,使得城市的环境污染大大减少。

其次,从节省材料方面来看,一方面,在工程项目的建设过程中,水是时时刻刻都会用到的材料,过去建筑行业的用水量一直在全社会总用水量中占据极大比重,并呈上升趋势,而现在采用装配式建筑能够更大地降低建筑用水量。一般而言,建筑行业的用水主要是在施工用水和生活用水方面,而装配式建筑是在预制工厂生产 PC 预制构件,减少了混凝土和设备的用水量,避免了现场湿作业环节,也极大程度上减少了用水量。另一方面,装配式建筑是在工厂制造预制构件,构件的数据与规格都有统一的标准,因此对其生产方式、使用的材料和产品质量都有着严格的控制和管理,从而能够在最大程度上降低材料的浪费。

3.4.3　装配式建筑全寿命周期的社会效益

在社会效益方面,装配式建筑可以改善施工作业环境,降低工人劳动强度。工业化程度的提高、生产环境的改善,可以减少单位工程的劳动力用量和降低工人劳动强度,符合“以人为本”的发展理念。装配式建筑的构配件及部品在工厂生产会增加区域和行业的就业机会,对社会效益的提高有很大帮助。

　　此外,装配式建筑采用的是机械施工,从构件制作到装配都能够做到文明施工。由于大部分构配件是由预制工厂制作,然后直接运输至现场,所以在施工现场再次加工时,噪声小、不扰民、无扬尘、无污水,充分体现了装配式建筑良好的社会效益。

3.4.4　装配式建筑全寿命周期的安全效益

　　在施工过程中,装配式建筑的构配件等在工厂中加工完成,减少了现场作业,这可以大大减少质量安全事故的发生,能够更好地保证安全生产,确保工人生命安全,提高安全效益。

　　在使用过程中,由于装配式建筑的构配件均是按照统一标准与统一规格制作的,相比于传统建筑的人为制造,差错率大大降低,这也就使得建筑物的安全性大大提升,从而降低了使用过程中安全事故发生的几率,有利于安全效益的提高。

第4章 装配式建筑的综合效益分析

自装配式建筑模式在我国建筑业市场实行以来,虽然得到了国家政策层面的支持,但其在发展的过程中,不少开发商认为装配式建筑模式相比于传统现浇体系成本高,投资风险大,相关装配式研究企业缺乏必要的技术研究人员,所以装配式建筑在建筑市场的发展中遇到了层层阻碍。本章将对装配式建筑的综合效益进行分析,意在明确装配式建筑模式的价值优势,为推广装配式建筑的发展奠定基础。

4.1 装配式建筑的经济效益分析

装配式建筑模式虽已发展了一段时间,但距离发展成熟仍具有较长的距离。我们国家的装配式建筑项目不多,相关研究也很少,并且缺乏具体的装配式建筑项目的成本统计数据,回收拆除阶段的经济效益情况就更加难以进行详细的测算。经济效益分析最初是由英国经济学家 William Petty 提出的,随着各种研究的不断深入,经济效益分析也在不断被完善。经济效益分析最开始多被用来评价生态环境的有关项目,20 世纪 60 年代后,多个领域如建筑工程、城市规划及交通运输等都开始运用经济效益分析的方法来分析项目的可行性。随着经济效益分析的广泛应用,人们发现项目的经济活动受到多方面因素的影响,与环境、资源等都有很多交集,这种影响对整个分析过程而言都是不可忽略的,都是经济效益评价中需要考虑的因素。

本章对装配式建筑项目的经济效益分析将结合实际的装配式建筑项目,对其建造阶段、使用阶段及回收拆除阶段进行研究,以此反映装配式项目全寿命周期的经济效益情况。

4.1.1　建造阶段的经济效益分析

装配式建筑相比于传统现浇建筑具有诸多优势。但由于目前装配式建筑项目生产研发、部件设计未形成规范化组织，导致其生产研发费用及部件设计费用普遍偏高，并且缺乏相应的装配式建设的技术设计人才，这也导致了装配式建筑建造成本普遍高于传统现浇建筑成本。除此之外，由于装配式建筑在建造过程中多采用的是预制构件，因此相比于传统现浇建筑，装配式建筑预制构件的运输、吊装等都会导致装配式建筑成本增加。

2017 年，某开发商结合实际项目（安徽省合肥市某小区 X 号建筑楼）对装配式建筑模式及传统现浇建筑模式的建筑工程成本进行了对比分析，见表 4.1。

表 4.1　装配式建筑与现浇建筑的经济指标对比

工程名称	装配式建筑(a)		现浇建筑(b)		两者差值
	造价(元)	每平方米造价（元/m²)	造价(元)	每平方米造价（元/m²)	$a-b$(元/m²)
土建工程	7 206 197.52	1 528.68	6 515 832.22	1 382.23	146.45
PC 构件及安装	4 076 290.08	864.72	—	—	—
电气工程	403 141.28	85.52	325 973.1	69.15	16.37
装饰工程	632 854.5	134.25	676 364.72	143.48	−9.23
采暖工程	110 590.44	23.46	184 553.1	39.15	−15.69
给排水工程	130 813.5	27.75	231 975.94	49.21	−21.46
合计	8 483 597.24	1 799.66	7 934 699.08	1 683.22	116.44

由表 4.1 的结果可知，该建筑楼的装配式建筑比现浇建筑的总成本高548 898.16 元。该楼总建筑面积为 4 714 m²，而造成其成本偏高的原因主要是土建工程成本的偏高。对装配式建筑而言，土建成本主要包括装配式构件的成本、安装费用及部件运输费用等。其中装配式构件的成本为 746.25 元/m²，占到该费用的 86.3%，其运输费用约为 80 元/m²。而装配式建筑的施工方式也决定了其会减少大量混凝土现场浇筑量、砌筑及抹灰量。综合来看，装

配式建筑的土建工程总成本比传统现浇建筑约高 146.45 元/m²。

对建筑的其他工程方面而言,在装饰工程方面,装配式建筑由于装配式构件含有部分抹灰,故成本可以节省 9.23 元/m²。在电气工程方面,装配式建筑由于在管线及机电设备要求较高,则其成本增加 16.37 元/m²。而在其余工程方面,装配式建筑在标准化设计中采用了新型的工艺,在施工建造中采用了新材料,故其成本较低。[33]

综上所述,现阶段装配式建筑的工程成本高于传统现浇建筑,其原因主要包括以下三个方面:

① 装配式部件成本受到生产规模、生产方式和设计因素等一系列原因的影响。从目前来看,装配式部件的成本主要包括两个方面。一方面是厂房、设备等的固定成本;另一方面是材料、动力、技术研究人员等的变动成本。

装配式建筑目前处在发展的初级阶段,其生产规模未形成大规模的格局,技术水平仍处于初始阶段,技术研究人员的储备量也不充足。这些也是部品构件成本偏高的重要原因。

② 装配式建筑的生产模式区别于传统现浇建筑,主要体现在部件生产、吊装、装修等的精细化要求方面。所以在生产过程中,为了确保部件生产、吊装等的施工准确性,以及在节约资源的同时对环境进行保护,需要增加精细化、先进的施工机械,同时也需要增长技术水平较高的技术工人。这些最终导致了建造施工阶段成本的增加。

③ 装配式建筑和传统现浇建筑在建造阶段的一个很大差异在于预制构件方面。预制构件需要在预制工厂进行生产与加工,在施工吊装时提前运输至施工现场,再利用机械吊装至合适位置,这期间的一系列费用相比传统现浇方法要高很多。我国预制工厂的数量较少,难以进行规模化生产,这就导致了预制构件的生产、运输及吊装成本难以利用规模化优势来降低。这些就间接导致了装配式建筑在建造阶段费用偏高。

4.1.2 使用阶段的经济效益分析

运营成本主要包括装配式建筑在使用阶段的能耗成本,还包括项目使用中的维护与保养成本、物业管理成本等。

在装配式建筑的运营成本中,占比最大的是建筑的使用成本。下面将结合案例对其使用成本进行分析。

以某地产宿舍楼项目为例,分析装配式建筑对比传统现浇建筑在使用成本方面的优势。该装配式建筑项目采用的节能措施及节电量情况见表4.2,其中电费以合肥市目前执行的居民生活用电 0.56 元/(kW·h)计算。

表 4.2　装配式建筑节电量统计表

节能措施	节能量(kW·h/a)	节约电费(万元/a)
墙体、门窗、屋面节能(10%)	905 171	50.68
集成供热应用	941 700	52.73
其他	507 037	28.39
合计	2 353 908	131.82

根据表 4.2 可以得出,装配式建筑项目相比于传统现浇建筑项目,在节电方面有很大的提升,每年可节约费用约 131.82 万元。比如在保温方面,传统现浇建筑外保温的使用寿命为 25 年,在第 25 年就需要对外墙外保温进行改造重建,而装配式建筑的外墙外保温为预制三明治外保温,寿命为 50 年,无需外保温改造,因此节省了外墙外保温的费用。除此之外,在空调采暖方面,夏季时装配式建筑外墙隔热能力强,室温比传统现浇建筑的室温低,自然就降低了空调能耗,从而降低了空调使用费用;而在冬季,装配式建筑外墙外保温具有出色的保温性能,其室温将高于传统现浇建筑的室温,所以不需要较多空调采暖,因此空调费用也会有所降低。

同时在使用成本的其他方面,诸如建筑通风、制冷、照明等环节,装配式建筑因采用了先进的节能技术及材料,均可以在其使用过程中节省大量的成本。因此,如果装配式建筑得以进一步发展,在全国范围内形成足够的规模效应,其在成本方面的节约将会得到进一步的体现。

4.1.3　回收拆除阶段的经济效益分析

回收拆除成本主要包括建筑物拆除后的建筑垃圾等废弃物的处置成本与剩余残值之间的差额。与传统现浇建筑相比,装配式建筑在回收拆除阶段具有很高的经济效益优势。根据国外相关数据显示,传统现浇建筑的最终回收价值约占建筑安装总成本的 4%,而装配式建筑的最终回收价值占建筑安装成本和装饰总成本之和的 10% 左右。

以某示范基地的样板房项目为例,分析以下三种墙体房屋的拆除回收情况:普通砖混墙体、装配式钢筋混凝土墙体和装配式轻钢骨架墙体。三种墙体的回收拆除成本如图 4.1 所示。

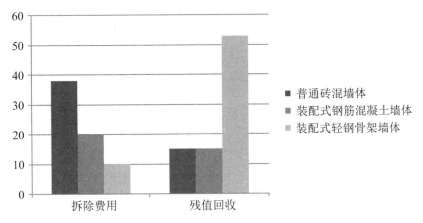

图 4.1　三种墙体回收拆除成本分析(单位:元/m²)

由图 4.1 可以得出,在拆除费用方面,普通砖混墙体的拆除费用高于装配式结构的墙体;而在残值回收方面,装配式结构墙体因为其结构的特性与施工方式的原因,回收残值远高于普通砖混墙体。因此,采用装配式建筑结构,其在回收拆除成本方面具有明显优势。

4.1.4　综合经济效益分析

对比装配式建筑模式与传统现浇建筑模式在全寿命周期成本上的表现,虽然在分析中可以得出装配式建筑模式在施工建造阶段的经济效益比传统现浇建筑模式低,但是由于选取的案例项目具有偶然性与可替代性,所以不能简单地得出此结论,使用阶段及回收拆除阶段的经济效益也与此相同。[34] 应该根据具体的项目、所处的地域及当前的政策要求进行具体分析、分类与总结。

通过对相关文献资料研究及实际调研,在施工建造阶段,影响其经济效益的主要原因在于现阶段我国装配式建筑发展的规模还不是很大,装配式部品构件由于在运输过程中需要确保其精度，所以运输成本也比较高，同时目前装配式建筑的技术研发水平也对经济效益产生了很大的影响；在运营阶段，影响其经济效益的主要原因在于装配率、部品种类及保养成本等因素；在回收拆除阶段，主要受回收拆除成本、所拆除的装配式建筑的部品种类及装配率等因素的影响。

对其他类的因素而言，如施工组织、节能意识与回收意识等，均需要引起我们足够的重视。随着装配式建筑模式的发展，特别是装配式规模、技术工人水平的提升与整个装配式体系的完善，装配式建筑相比于传统现浇建筑，将会表现出更加明显的经济效益优势。

4.2 装配式建筑的环境效益分析

对传统现浇建筑而言，建筑项目在建造、使用和回收拆除的过程中都会对环境产生或大或小的影响。比如在建造及使用阶段会对周围的水体产生污染，在施工的过程中会产生扬尘污染及噪音污染，尤其是在回收拆除阶段会产生大量的建筑垃圾，而这些都制约着建筑行业的进一步发展。虽然目前有很多的规章制度在管制，但传统现浇建筑在建造、使用和回收拆除阶段的环境效益一直处于较低水平。

目前，环境保护是整个建筑行业面临的问题，如何在施工过程中减少对周围水体、空气及噪声的污染，如何解决过多的消耗能源、建筑垃圾的大量产生，成为了世界共同关注的问题。装配式建筑的产生为建筑业提供了新的发展方向与契机。

装配式建筑的全寿命周期的各个阶段，均可以通过标准化的设计与独特的建筑特点，促使其实现"节水、节地、节能、节材、环保"的目标。在策划阶段，可以根据建筑物的使用功能进行独特的节能设计；在设计阶段，由于装配式建筑的大部分部品构件均在工厂内预制，所以在设计中能大幅度减少对现场施工场地的要求；在施工阶段，部品构件的安装相比于传统现浇模式能够大幅度提高对水资源的利用率；在使用阶段，装配式建筑独特的标准化设计与节能设计等能够提高对部品构件的利用率，从而达到节约材料的目的;在拆除阶段,装配式建筑相比于传统现浇建筑,具有非常突出的环保性能,能够大幅度地提高建筑物拆除的安全性,并且其部品构件的回收利用率也很高。具体实现情况如图 4.2 所示。

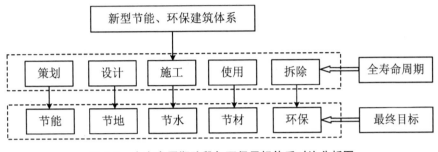

图 4.2　全寿命周期阶段与环保目标体系对比分析图

4.2.1　建造阶段的环境效益分析

建筑物在建筑施工中需要耗费很多资源和能源,而传统现浇建筑模式本身具有的局限性,导致其在建造的过程中不仅会消耗必要的资源,如砂、石、混凝土与水等,同时还会消耗大量的非必须资源。此外,传统现浇建筑模式在施工过程中也会对周围环境造成不可逆转的破坏,如对周围的水质造成污染、对周围的植被会有破坏等等。并且在传统现浇建筑项目的建造阶段,材料的运输、吊装与泵送等环节都使用了大量的能源,这些能源在生产、运输与燃烧的过程中会向空气排入大量的 CO_2、SO_2、NO_x、烟尘等污染物,这些污染物使周围环境急剧恶化,因此减少这些污染物的排放对改善环境十分有利。而装配式建筑模式由于其建筑的大部分部件均在装配式工厂预制,再运输到施工现场进行安装,所以可以在施工过程中节约大部分的非必须消耗,同时由于现场湿作业环节的减少等,也可以对周围的生态环境起到很好的保护作用。

以某地产项目装配式商品建筑楼为例,通过测算其在施工现场与传统现浇建筑模式相比的节水、节点、节材的情况,可以分析装配式建筑模式在施工建造阶段的环境效益优势。此装配式商品建筑楼为整体框架式结构,建筑面积为 6 328.56 m^2,其外墙、室内楼梯、楼板及阳台板均采用装配式进行预制,再运输到现场进行组装,只有梁与柱采用现浇混凝土浇筑。

在施工建造的过程中,选用该地产项目一期的传统现浇建筑楼进行测算。该传统现浇建筑楼为整体框架剪力墙结构,建筑面积约为 5 947.25 m²,其梁、柱、板及墙体等结构均为钢筋混凝土现浇。两栋建筑楼的环境效益对比主要从节水、节电、模板、脚手架的节约量及废弃物与污染物的排放量这六个方面进行分析。具体分析见表 4.3。[35]

表 4.3　装配式建筑项目相比于传统现浇建筑项目损耗减排测算表

项目	装配式施工	传统现浇施工	节能情况	节能降耗率	说明
水	0.384 m³/m²	0.625 m³/m²	0.241 m³/m²	38.56%	节水主要包括生活用水和施工用水。
电	12.397 kW·h/m²	16.035 kW·h/m²	3.638 kW·h/m²	22.69%	设备节电主要是混凝土浇筑振捣棒、焊接时使用的电焊机以及垂直运输塔吊使用频率减少;照明节电由室内、室外两部分组成。
模板	0.003 t/m²	0.010 6 t/m²	0.007 6 t/m²	71.69%	装配式建筑建造主要为预制构件吊装装配施工,模板等材料需求量很小。
脚手架	0.004 8 t/m²	0.024 1 t/m²	0.019 3 t/m²	80.08%	工厂预制时主要采用安全围挡,无需大量脚手架。
废弃物	0.005 4 m³/m²	0.012 9 m³/m²	0.007 5 m³/m²	58.13%	装配式建筑施工不采用湿作业方式,现场混凝土振捣浇筑量很少,减少了对湿作业操作工具的清洗,产生废水和废浆的污染源得到了有效控制。

续表

项目	装配式施工	传统现浇施工	节能情况	节能降耗率	说明
污染控制	—	—	—	—	减少了运输车辆等机械施工,扬尘控制在合理的范围内;外墙砖等材料皆为预制,减少了落尘污染,同时由于不使用混凝土泵、振捣棒、装修锤击,减轻了噪声;不进行夜间施工,杜绝了光污染。

由表 4.3 可以得出,装配式建筑在节能减排方面具有很高的效益。首先,装配式建筑的建筑材料有所节省。由于装配式建筑构件属于工厂化生产,管理和控制水平有所提高,施工工艺也更加先进,因此提升了钢材、木材、混凝土以及水泥砂浆等各种材料的利用率,节省了很多建筑材料。

其次,装配式建筑节约水资源。对于传统现浇建筑,其施工时用水量较大,大量的湿作业导致水的利用效率低,并且在养护时需要直接用水养护,导致水的大量流失,也不可以循环利用。而装配式建筑大部分构件在预制工厂制作,直接运输至现场安装,减少了湿作业。并且在构件生产这一流程中,构件厂在生产预制构件时采用蒸汽养护,既缩短了养护时间,又提高了养护效率,还可循环使用养护用水,实现了水资源的节约。

最后,装配式建筑的施工能耗有所降低。一方面,传统现浇建筑经常需要夜间施工,电力消耗自然就上升。而装配式建筑由于现场预制构件在工厂生产及现场施工作业的减少,所以夜间施工也随之减少或被避免,工地照明电耗自然减少。另一方面,在传统现浇建筑的建设过程中,需要用到大量泵车来运输和泵送混凝土,这导致了柴油的大量消耗。相比而言,当装配式建筑采用预制构件时,使用的多是塔吊吊装的方式,消耗的是电力,从而避免大量消耗柴油。装配式建筑的施工能耗也就随之降低。

目前,装配式施工技术仍不成熟,还需要进一步提高。随着装配式建筑模式在我国的逐渐扩大,施工技术、工艺水平、机械设备的进一步成熟,其在"四节一环保"方面的环境效益优势还会进一步的扩大。其次,装配式施工由于独特的施工特点决定了其对周围环境的扬尘污染、噪声污染及光污染方面有着明显的抑制作用。随着装配式建筑模式的同步发展,日后将会对其以上的抑制作用进行量化分析,进一步明确装配式建筑在环境效益方面的优势。

4.2.2　使用阶段的环境效益分析

1. 使用阶段的节能分析

根据对相关文献资料的调查及国家统计局的数据,可以得出 2016 年全国能源消费总量为 435 819(万吨标准煤),而建筑业能源消费总量为 7 991(万吨标准煤),占全国能源消费总量的 1.89%,而此数据正在随着时间的推移而不断增长。节能成为摆在建筑业发展面前的一个十分重要的问题。[36]

综合分析建筑施工建造及使用阶段的能源消耗,其中采暖制冷的能耗占比最大。而装配式建筑模式由于其独特的特点,而具有非常优异的保温性能,是未来节能建筑发展的重要方向。

在建筑的使用阶段,另一个消耗能源的地方在于日常的照明、空调、家电等工作能耗,所以在采用装配式建筑模式的同时,应结合绿色建筑的理论方法,对装配式建筑进行节能设计,如采用太阳能、地热能、风能等,从日常的使用阶段进行能源的节约与控制。根据国外能源监测机构对装配式建筑的节能情况进行预测,预计到 2035 年,装配式建筑将比传统现浇建筑节约能源 11 821.01 J。由此可以得出,装配式建筑在建筑节能方面具有传统现浇建筑不可比拟的优势,未来在建筑业市场中将扮演更重要的角色。

2. 使用阶段的节水分析

据国家统计局数据显示,我国是一个严重缺水的国家,人均水资源占有量仅有 2 300 m³,仅为世界平均水平的 1/4,在世界上排名 123 名左右。据不完全统计,全国有 440 座城市仍为缺水及供水不足的情况,目前形势十分严峻。[37]然而,建筑业的耗水情况却依然十分严重,在传统现浇建筑的模式中,大量的水用来混凝土的养护及洁具、施工机械的清洗,水资源消耗非常巨大。在建筑的使用阶段,大部分的水资源被耗费在卫生洁具的冲洗中,而传统现浇模式的水资源循环利用率很低,因此导致了传统现浇模式在使用阶段的节水情况较差。

装配式建筑的产生为水资源的节约及循环处理利用点明了新的方向。装配式建筑在标准化设计时,既可以考虑节水器具的设置及水资源的循环处理系统;同时在设计时也可以考虑采用水资源回收处理系统的设置,如雨水等天然水资源可以经过回收用于冲洗卫生洁具等。据国家统计网数据显示,传统现浇建筑消耗水资源的量约为 $3.64~\mathrm{m^3/m^2}$,装配式建筑消耗水资源的量约为 $3.06~\mathrm{m^3/m^2}$。装配式建筑相比于传统现浇建筑大约能够节约15.93%的水资源。

综上所述,由于独特的标准化设计、节水措施及水资源循环处理利用系统,装配式建筑建筑在使用阶段的节水效益很高。

4.2.3　回收拆除阶段的环境效益分析

装配式建筑在回收拆除阶段具有较好的经济效益,在4.1.3节已分析过其经济效益主要体现在拆除费用较低和回收残值较高等方面。而装配式建筑在回收拆除阶段的环境效益比传统现浇建筑表现得更好。由于目前主流的传统现浇模式技术的局限性,导致其在生产建筑及拆除阶段会有较大的碳排放量,而且传统现浇建筑在拆除时会产生大量的建筑垃圾,回收利用率很低,对周围的环境也会造成较大的污染。[38]

对装配式建筑而言,因为其独特的生产工艺,大部分预制部件在工厂内实现标准化生产,所以使得碳排放量能得到很大程度的降低。而且回收拆除的利用率也很高,例如,采用钢筋骨架结构的装配式建筑,在拆除时大部分的钢筋骨架均可回收利用,回收利用率达到90%以上。同时装配式建筑在拆除时,产生建筑垃圾更少,对环境保护有着积极的意义。

4.2.4　综合环境效益分析

经过上述分析,可以得出装配式建筑在施工建造阶段、使用阶段及回收拆除阶段的环境效益比较高。综合目前现有的装配式项目的具体情况和有关研究,针对"四节一环保"五个方面对装配式混凝土结构及装配式钢结构与传统现浇建筑进行环境效益分析。其中,"节材"主要从节约混凝土的量、节约模板的量及节约钢材的量三个方面综合考虑,"节地"主要从住户居住面积增加的情况考虑,"节能"与"节水"情况均按实际统计,"环保"主要从减少废弃物的排放量方面考虑。其综合环境效益分析见表4.4。

表 4.4　装配式建筑与传统现浇建筑的综合环境效益分析表

| | 节水 (m³/m²) | 节能 (kg/m²) | 节材 | | | 节地 (使用面积) (m²/m²) | 废弃物 (kg/m²) |
			钢材 (kg/m²)	混凝土 (m³/m²)	模板 (kg/m²)		
装配式混凝土结构	0.38	2.32	14.47	0.26	11.48	—	15.52
装配式钢结构	0.64	2.58	—	—	—	0.20	16.73

由表4.4可以得知,装配式建筑模式常用的两种建筑结构——装配式混凝土结构与装配式钢结构在综合环境效益方面均比传统现浇建筑有了较大的提升。尤其是在节材方面,装配式建筑在节约钢材与模板方面的优势最大。同时,由于装配式建筑在回收拆除阶段的残值利用率较高,所以在废弃物节约方面能够节约 16 kg/m²。因此装配式建筑是环境效益优于传统现浇建筑的建筑模式。

另外,根据国家统计局资料显示,相比于采用传统现浇建筑模式的建筑物,采用装配式建筑模式的建筑物在总的节能方面能够提升约26.3%,主要在建筑物的供暖、冷热水供应环节等方面显现出较好的优势;在总的节约水资源方面能够提升约21%,主要是在建筑物使用的环节中对于节水器具及循环处理水系统方面显现出较好的优势;在总的废弃物排放方面能够提升约63%,主要是在建筑物回收拆除环节中的残值回收方面显现出较好的优势。虽然目前我国装配式建筑的环境效益相比传统现浇建筑有了较大的提升,但与国外先进水平仍有较大的差距,其主要原因在于目前我国装配式建筑未形成足够的规模,仍处在探索发展的阶段。同时目前整体装配率较低也是影响装配式建筑模式环境效益不高的主要原因。随着装配式建筑在我国的不断发展,整体装配率将会得到不断的提升,其环境效益的优势会进一步扩大。

4.3 装配式建筑的社会效益分析

4.3.1 建造阶段的社会效益分析

1. 生产及管理方式的转变

目前,传统现浇建筑模式的生产及管理水平均不高,其生产方式仍以手工生产为主,劳动生产率也相应较低。而装配式建筑作为全新的建筑生产建造模式,使传统的建筑产业生产方式产生了巨大的变革。由大量的现场手工操作转变为工厂装配化生产,由大量的现场人工施工转变为机械自动化施工,掀起了由资源粗放型转变为环境集约型的浪潮,如图 4.3 和图 4.4 所示。其中右侧为传统现浇建筑模式,左侧为装配式建筑模式。

图 4.3 装配式建筑施工现场与传统现浇建筑施工现场对比图

图 4.4 装配式建筑与传统现浇建筑生产方式对比图

由图可以清晰地看到,装配式建筑模式的施工现场更简约、更有条理性,装配式建筑模式也将建筑业由传统的作业方式推向了更现代化、更生态化的作业方式。由此可见,装配式建筑所带来的生产及管理方式的转变引起了巨大的社会效益的增长。

2. 劳动效率的提升

近年来,随着棚改进程的逐步推进,建筑业得到迅猛的发展。根据国家统计局的数据,截至 2018 年 7 月,全国建筑业企业(指具有资质等级的总承包企业与专业承包企业)完成建筑业总产值 213 953.96 亿元。截至 2017 年底,全国有施工活动的建筑业企业达 88 059 个,从业人数达 5 536.90 万。但是目前建筑业的整体劳动生产率不高,因此如何提高劳动生产率与建设项目的整体收益情况成为待以解决的主要问题。

装配式建筑模式的产生为提升劳动效率提供了新的发展方向。装配式模式由于其施工过程中的建筑设计标准化、部件生产预制化、建筑部品配套化、现场施工装配化等优势,能够大幅提高建造过程中的劳动生产率。以某地小型办公楼为例,楼高 8 层,采用装配式的生产方式,劳动生产率能够提升约 50%,而且能够大量降低施工现场人员的数量,最多可减少 90%。

综上可得,装配式建筑模式的推动能够大幅提高建筑业生产的劳动生产率,为建筑业的发展提供了新的契机。

3. 相关产业的带动

相关研究表明,建筑业的影响力系数为 1.002 38,感应度系数为 0.492 6,

影响力系数指的是当一个产品部门增加一个单位的最终产品时,对国民经济其余各部门的影响程度。[39]影响力系数越大,说明该部门对其余各部门的拉动作用也就越大。而感应度系数则是该部门受其余各部门的影响程度。由影响力系数与感应度系数可以得出,建筑业的蓬勃发展可以带动其相关各产业的快速发展。

与建筑业密切相关的行业有很多,诸如地产、建材、机械设备、金融机构及第三方检测与中介机构等。而建筑业的发展可以带动以上各产业的提升,从而促进社会的繁荣与昌盛。

装配式建筑模式的出现进一步增进了建筑业各个产业链的结合程度,包括从土地的获取、设计施工、部件的生产及销售再到后期的物业服务等。装配式建筑模式能够使以上各环节的分工更加明确且更具专业化,其发展有利于以上环节涉及的诸多产业的联系,从而发挥出建筑业更强的社会效益。

4.3.2　使用阶段的社会效益分析

1. 建筑产品质量和性能的提升

目前,传统现浇建筑的发展受限于建筑材料要求较低、技术工人水平不足以及施工环境、管理层面的复杂程度,因此常常会出现建筑产品质量与性能不合格的情况。例如小区新交付使用的楼盘,墙体开裂、空鼓的现象时有发生,保温、防水质量也不能满足设计要求。究其原因主要在于施工材料的质量存在缺陷、技术工人水平不足及管理混乱,而这些均会导致施工的关键环节出现质量问题。

装配式建筑模式的产生为提高建筑产品质量和性能提供了新的方向。由于装配式建筑的大部分部品构件均是在工厂内机械化生产,然后再运输到现场进行组装,所以能够避免以上因素对建筑质量和性能的影响,满足人们对建筑产品高质量、高性能的要求。

从提升建筑产品质量方面考虑,装配式建筑由于采用机械化施工,对于工厂内部生产环境可以做到有效的控制,从而可以很好地保证了混凝土的养护效果,获得高质量的混凝土构件;而且装配式建筑采用标准化设计与统一化施工,这有利于结合新材料、新工艺、新技术的同时进行设计与施工,从而从根本层面改善建筑产品的质量,而且在新技术、新材料、新工艺结合的过程中,可以有效地提升建筑产品的保温、防水、抗震等多方面的性能;最后,装配式建筑部件在出厂时均会采用统一的规范标准进行全面的质量检验,确保部件的质量达到规范要求,从而能够保证整体的建筑质量符合规范要求。

综上可知,装配式建筑模式由于其独特的生产过程及与新材料、新技术、新工艺的密切结合,可以有助于建筑产品质量和性能的提升。

2. 客户满意度的提升

满意度是指客户对供应商提供的产品或服务已经达到或已经超过消费预期的主观感受。针对装配式建筑的客户进行满意度调查,相比于传统现浇建筑,通过一定的指标分析能够得出客户对于装配式建筑的提升点,从而为日后装配式建筑的发展指明方向。

合肥市某地产公司通过对 2013～2017 年交付的 10 个装配式建筑楼盘项目进行了客户满意度调查,旨在通过指标分析客户对装配式建筑楼盘的品质及质量等诸多方面是否满意,从而找出装配式建筑日后提升的方向。分析指标主要涵盖部品构件质量、户型及功能设计、工程质量、物业服务等10 项指标,如图 4.5 所示。

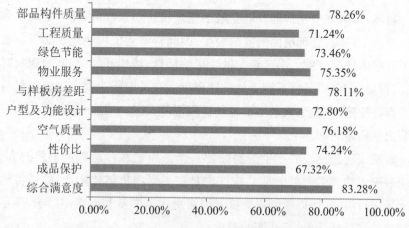

图 4.5　装配式楼盘项目客户满意度指数分析图

由图 4.5 所示,相比于传统现浇建筑,客户对装配式建筑楼盘的综合满意度指数为 83.28%,而对于其余指标的分析,客户满意度指数均为 60% 以上。这说明,客户对装配式建筑楼盘的认可程度很高,有利于推动未来装配式建筑的发展。

4.3.3 回收拆除阶段的社会效益分析

由于目前大多的装配式建筑项目均处在运营阶段,回收拆除的装配式建筑项目较少,无法得到准确的数据来对回收拆除阶段的社会效益做全面的分析。但针对回收拆除阶段,装配式建筑项目由于其回收残值较高,将有助于相关产业的发展。同时,装配式建筑在拆除时产生的建筑垃圾及噪声都很小,对周围居民的舒适感及满意度提升较高。

因此,随着装配式建筑项目的持续发展,未来在建筑业所占的比重也会越来越大,而其所带来的社会效益的提升将会是以后建筑业发展的新角度与新思路。

4.3.4 综合社会效益分析

经过对装配式建筑的建造阶段、使用阶段及回收拆除阶段的社会效益进行分析,可以得出装配式建筑在生产和管理方式的转变、劳动效率提升及相关产业的带动等方面的社会效益很高,同时从客户满意度调查可以得出现阶段客户对装配式建筑的满意度较高,并且对其后续的物业服务、工作质量等方面也很满意。这说明,相比于传统现浇建筑,装配式建筑的社会效益较高,但目前由于装配式建筑发展还处在初级阶段,其社会效益仍有很大的提升空间。随着国家政策的鼓励及相关研究理论的丰富,装配式建筑的社会效益将会得到进一步的体现。

4.4 装配式建筑的安全效益分析

目前,虽然建筑业正处在蓬勃发展的高速时期,但是施工安全仍是建筑业发展不可避免的关键问题。施工安全事故也会时常发生,例如,2018 年 4

月,广西崇左某地产项目二期工地发生坍塌事故,造成 1 死 1 伤;同年 6 月 24 日,上海奉贤区在建小区发生模架坍塌事故,致 1 死 9 伤,等等。

高发的施工安全事故严重地威胁了现场从业人员的生命安全。引起事故的原因从大的方面可以分为两种:人的不安全行为与物的不安全状态。大多数的事故均是由人的不安全行为导致的。施工人员随意施工,不按规定佩戴安全帽和安全衣等防护用品,施工监理的不作为等均导致事故频发。[40]而装配式建筑模式的出现为解决此类问题提供了新的思路与方向。装配式建筑模式因为其部件在工厂装配式生产,再运输到现场进行组装的独特生产方式,因此能够减少现场施工人员 50% 以上,发生安全事故的概率就会直线下降。有关资料及数据显示,采用装配式建筑模式能够有效提升施工现场安全性能约 40%。因此装配式建筑具有很高的建筑安全效益。

4.4.1 建造阶段的安全效益分析

施工建造阶段作为施工生产的直接阶段,安全效益的分析尤为重要。对传统现浇建筑而言,在施工建造阶段由于人的不安全行为及物的不安全状态,导致目前安全事故频发,究其原因则在于目前传统现浇建筑模式很难从根本上杜绝安全事故的产生,大量的施工人员进行现场操作以及工地现场大型施工机械的使用都存在不可避免的安全隐患。

装配式建筑的产生为施工现场安全隐患提供了方向。一方面,装配式建筑由于具有较高的施工规范化程度,其对安全效益的影响巨大,因为施工的规范化程度不仅可以有效地降低施工安全事故,而且可以提高建筑质量,所以能够产生很好的安全效益。另一方面,装配式建筑的所有部品构件由于均在工厂进行预制,采用的标准化设计及机械化施工在最大层面上保证了构成建筑物的物资构件的质量准确性,而建筑的质量是安全优势不可切分的有机整体。因此,采用装配式建筑模式在施工阶段能够有效地控制安全事故的发生,从而提高整体建筑的安全效益。

4.4.2 使用阶段的安全效益分析

在传统现浇建筑物的使用过程中,发生安全事故造成其安全效益较低的原因主要有以下两个方面：一方面，使用人员未经过严密的建筑承重荷载结果计算，对建筑物任意的改造与加工，以便满足自己的使用要求。例如某现浇钢筋混凝土厂房在使用过程中，因想获得更大的施工机械操作空间，擅自将墙体进行拆除，最终导致整体建筑出现坍塌事故。另一方面，使用人员未经过测算，就擅自对建筑物的使用功能进行改造，同样会造成安全事故隐患，最终导致安全事故的发生。

装配式建筑的出现有效地提升了建筑物在使用阶段的安全效益。首先，由于装配式建筑均是针对建筑物具体的使用功能进行标准化设计建造施工的，所以使用人员在满足自己使用功能的前提下不会对建筑物进行擅自改造。其次，装配式建筑的所有构件采用工厂化预制、现场组装的方式进行施工，所以使建筑物在使用过程中具有更强的安全性，这在一定程度上防止了安全事故的产生。最后，装配式建筑作为一种新兴的建筑模式，使用人员在对其建造模式并不十分了解的前提下不会轻易对建筑物的关键结构及关键节点进行调整，而会在与专业设计人员沟通的前提下进行建筑设计的改变，从而在无形中提升了装配式建筑在使用阶段的安全效益。

4.4.3　回收拆除阶段的安全效益分析

目前，虽然对装配式建筑的回收拆除案例研究较少，对回收拆除阶段的安全效益具体数据分析并不明确，但是从装配式建筑模式的特点来看，其在回收拆除阶段的安全效益方面是优于传统现浇建筑模式的。

首先，装配式建筑在拆除时因为其回收残值利用率高，大部分工厂预制化的部件均可回收循环利用，所以在拆除时不会选择整体拆除的方式，而会采取按照结构设计的节点逐步拆除，从而提升其安全效益；其次，由于装配式建筑的所有构配件均是在工厂标准化设计进行生产的，其部件精度很高，所以在拆除时由于部件不准确、结构不明朗而造成安全事故的概率会降低很多；最后，随着装配式建筑的逐步发展，有关装配式建筑的回收拆除的管理模式及操作规程的逐步完善，装配式建筑拆除阶段的安全效益将会得到进一步的提升。

4.4.4　综合安全效益分析

　　装配式建筑模式在施工建造阶段、使用阶段及回收拆除阶段都具有较高的安全效益。但是装配式建筑在进行标准化设计、装配式施工方面均有需要注意提升安全效益的部分。比如在进行标准化设计时,标准化设计方案与现场施工的匹配度是否契合,标准化设计及施工方案是否针对现场进行了安全设计,这是特别需要关注的重点。其次,在现场装配化施工方面及管理方面的安全因素也是影响综合安全效益的另一个关键点。比如现场装配式施工人员的技术水平及安全管理意识是否达标,监管机构人员的设置是否合理,在进行装配式施工前是否对施工技术人员就施工过程中的关键点进行过安全教育与安全交底。以上因素同样也是影响装配式建筑综合安全效益的关键因素。

　　装配式建筑目前正处在发展的前期阶段,如何有效地提升安全效益是所有技术研究人员与企业面前的共同难题。而我们在进行安全效益分析的基础上,可以得出影响装配式建筑综合安全效益的关键因素,通过对关键因素的有效控制以及装配式建筑施工技术及标准化程度的不断提升,相比于传统现浇建筑,装配式建筑的综合安全效益还会得到进一步的提升。

第 5 章　装配式建筑综合效益评价指标体系的构建

5.1　评价指标的设定原则

1. 科学性原则

评价指标体系应是科学合理的,所谓的科学性并不是随意的,而是在评价装配式建筑各类效益的过程中能够正确地反映出各类效益的特征和内涵,以及在一定程度上应该能够反映实现各类效益的目的及意义,因此从指标的选取到确定所属层次都应该是经过科学分析而确定的。本章希望通过评价指标体系评价装配式建筑的综合效益情况,所选择的指标即应能全面而准确地反映装配式建筑的综合效益情况。从经济效益指标、环境效益指标、社会效益指标及安全效益指标,每一个指标的选取均要有科学依据。

2. 整体性原则

首先,在选取指标的过程中,要体现出体系层次的整体性,将主体本身的特点进行归类划分,使各项指标在整体中划分成层次,通过每层次体系在经济效益、环境效益、社会效益和安全效益等方面呈现出的特点,反映出独特的整体性。其次,所构建的指标体系应具有很强的整体性,从装配式建筑模式的特点与效益的分类出发,各个分散的指标应通过自身所代表的相关特性与装配式建筑的整体综合效益产生很强的相关性,从而参与到评价中。

3. 层次性原则

本章拟采用层次分析法进行指标权重的分析，所构建的指标必须具有很强的层次性。所以各评价指标必须能反映评价主体即装配式建筑的综合效益的主要特征，且各评价指标必须具有其自身独特的特性与相互关联的共性。层次性原则加强了评价体系的整体清晰度，能有效提升评价的效率。

4. 针对性原则

评价指标的选择应满足各指标对评价主体各个方面特性的综合反映。从整个系统的角度出发，对于各个效益评价指标的选择既要考虑相互间的影响关系，也要保持相对独立性。同时，本章拟进行装配式建筑的综合效益评价研究，所选取的指标应根据具体的项目特点、国家现状及地域区域等有针对性地确定各指标内容，使评价结果能指导日后的实际工程施工。[41]

5. 继承性与创新性原则

装配式建筑综合效益评价指标体系可以在一定程度上继承现阶段传统现浇建筑部分较好的评价指标与体系，但装配式施工模式与传统现浇施工模式相比又具有其独特的施工特点与优势特性，因此在指标的选取中，应对装配式建筑特性进行分析，注意继承与创新的结合，使指标的选取过程更全面完善，从而构建出最符合实际情况的评价指标体系。

5.2 评价指标的选取思路及方法

本章对装配式建筑的综合效益进行评价，主要从经济效益、环境效益、社会效益和安全效益四个方面评价各自的效益情况，最终根据各项效益的评价结果进行装配式建筑的综合效益评价。所以各效益指标的选取，应结合装配式施工模式的特点及各自效益的独特性来进行选择。

经济效益指标体系主要结合装配式建筑在施工建造阶段的主要影响因素及特点来选取该项效益的指标；环境效益指标体系主要结合装配式建筑

在施工建造的过程中对资源、能源的消耗量,以及目前对环境影响较大的扬尘与噪声污染等方面来选取该项效益的指标;社会效益指标体系主要结合装配式建筑在施工建造阶段施工技术人员的综合技术能力,以及在使用阶段其建筑产品的质量性能等方面来选取该项效益的指标;安全效益指标体系主要综合考虑监管机构人员设置的合理性,安全教育、防护、检查的及时性,以及建筑施工安全水平等方面来选取该项效益的指标。

　　本章选取指标主要依据以下三种方法。一是专家调查法,通过对装配式建筑企业及相关技术研究机构专家的访谈及问卷的形式,根据专家的意见进行指标的修正与改进;二是实地调研法,通过走访合肥市在建及建成运营的装配式建筑项目,获取各企业或部门提供的专业数据,从中对选取的指标进行修正与改进;三是文献调查法,通过广泛阅读装配式建筑及传统现浇建筑综合效益评价的有关文献,借鉴研究中比较优良的指标并对其中需要改进的指标进行修正,从而形成最终的指标体系。

5.3　装配式建筑单项评价指标体系

　　本书的第 4 章对装配式建筑模式在经济效益、环境效益、社会效益与安全效益这四个方面进行了系统的分析,从而明确了装配式建筑在经济效益上的优势,在环境效益中的合理性,在社会效益上的贡献性以及在安全效益上的重要性。但从以上的定性分析中只能得出装配式建筑相比于传统现浇建筑具有其独特的价值优势,并没有定量地给出装配式建筑相比于传统现浇建筑的优势程度。为了进一步证明装配式建筑是改善目前建筑业的诸多问题的新方向与新思路,将装配式建筑的经济效益、环境效益、社会效益与安全效益构建出整体评价指标体系,通过对指标体系权重的确定以及对分析理论综合评价的结果,指明装配式建筑的价值所在。

　　本章拟采用层次分析法进行指标体系的构建。层次分析法(The Analytic Hierarchy Process,简称 AHP),最早于 20 世纪 70 年代中期由美国运筹学家托马斯·萨蒂(T. L. Saaty)正式提出。它是一种定性和定量相结合的、系统化的、层次化的分析方法,通过多个相关学者的经验判断衡量各目标之间能否实现的相对重要程度,并合理地给出每个决策方案的每个具体指标的权数,利用权数求出各方案的优劣等级,能够有效地应用于那些难以用定量方法处理的问题。由于层次分析法中每一层如何设置权重都会直接或间接影响到最终结论,而且在每个层次中的每个指标对结果的影响程度都是能够量化的,十分清晰明了,因此这种方法尤其适用于多目标、多准则、多时期等系统的评价。由于层次分析法在处理复杂决策问题上的实用性和有效性,它的应用已遍及经济管理、能源政策和分配、行为科学、军事指挥、运输、农业、教育、人才、医疗与环境等领域。

在运用层次分析法时,一般会在深入分析实际问题的基础上,将有关的各个指标按照不同属性自上而下地分解成若干层次。一般分解的原则是:同一层的诸多指标从属于上一层的指标或对上一次指标有影响,同时又支配下一层的指标或受到下一层指标的影响。因此我们把层次分析法的指标体系分为目标层、准则层与指标层。最上层为目标层,这一层一般是决策的目的与要解决的问题,通常只有一个指标。本章中目标层即为装配式建筑的综合效益。准则层是指为达到最终目标,将其要解决的问题分割为几个目标,再逐一实现。本章中准则层为经济效益、环境效益、社会效益及安全效益。最下层为指标层,通常是考虑的因素与决策的准则,这一层能够表现评价对象的本质特征,本章中在各个效益体系下共构建 19 个指标作为指标层,旨在通过对各个指标的研究来评价目前装配式建筑在合肥地区的具体综合效益体现。

5.3.1　经济效益评价指标体系

装配式建筑模式作为一种新兴的建筑模式,是我国未来建筑业发展的重要方向,同时也是经济发展的必然趋势。目前,质量问题频发、资源耗费巨大、环境污染严重、劳动效率低等弊端严重阻碍了建筑业市场的健康发展。因此装配式建筑模式因其独特的生产工艺及价值体系,已经逐渐在建筑业市场中成为导向。但目前装配式发展仍处在初级阶段,虽然其具有使用阶段经济效益高、资源消耗量低、环境保护好等诸多优点,但由于大多数企业对装配式建筑的经济效益并没有直观的认识,且其初始投入成本较高,导致很多企业不愿意主动尝试。因此,对装配式建筑模式的经济效益进行分析与评价就显得尤为的重要。[42]本章在构建装配式建筑经济效益评价指标体系的过程中,不仅考虑了传统现浇建筑经济效益指标的情况,同时也考虑了装配式建筑全寿命周期成本的影响因素。构建的经济效益评价指标体系如图 5.1 所示。

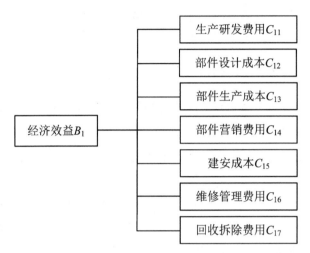

图 5.1　经济效益评价指标体系

1. 生产研发费用(C_{11})

生产研发费用主要包括装配式建筑的标准体系及各建筑部件、生产研发的各个环节所涉及的直接或间接费用。目前,装配式建筑的生产研发费用占装配式建筑部件成本的比例很大。究其原因,一方面,装配式建筑模式对建筑部件的质量及相关技术要求较高,不仅需要满足作为装配式建筑的基本构成单元的质量特性,同时也应满足客户对建筑的多样性及功能性的需求。另一方面,目前装配式建筑模式处于发展的起步阶段,大规模的工厂预制化的制造仍需要引进先进的生产及吊装设备与技术。因此,如何降低装配式建筑的生产研发费用是以后装配式建筑成本研究的关键点。随着装配式建筑模式规模的不断扩大,研发设计的相关技术及理论的不断成熟,生产研发费用将会在未来逐步下降。

2. 部件设计成本(C_{12})

部件设计成本主要包括由于装配式独特的生产方式所需要增加的深化图纸费用、一体化设计费用以及对设计图进行修改的费用,但不包括装配式建筑部件常规的设计研发成本。装配式建筑模式的独特施工特点决定了其设计阶段、施工阶段与使用阶段并不是相互独立的,而是彼此相互衔接、相互联系的。因此,装配式建筑在设计阶段应考虑施工阶段所需要的后期吊装技术、现场施工技术及后期运营阶段的使用功能和多样性的需求,同时也应考虑在后期的回收拆除阶段部件的拆卸要求,等等。因此,部件的设计成本对装配式建筑的经济效益影响也很大。

3. 部件生产成本(C_{13})

部件生产成本主要包括装配式建筑的所有部品构件在工厂内的生产费用,以及将部品构件运输到施工现场的运输费用。[43]目前,装配式建筑的部件生产成本偏高的主要原因源自以下两个方面。一方面,目前 PC 构件生产基地较少,生产设备的投入较大且相关技术研究人员较少,PC 构件生产商在利益驱动下,将外部的固定生产成本转移分摊到部件的生产成本中。另一方面,装配式建筑对部品构件的质量精度要求较高,且生产的部品构件一般较大,为了确保在运输过程中对部品构件的保护以及维持其精度,需要采用高质量性能的运输车辆来运输,这就增加了装配式建筑的部件生产成本。

4. 部件营销费用(C_{14})

部件营销费用主要包括装配式建筑的部件生产厂商在销售装配式建筑部件的过程中所发生的固定营销费用和可变营销费用。其中,固定营销费用一般包括广告宣传的费用、销售人员的基本工资及在仓库中的保管储藏费用,而可变营销费用一般包括装配式建筑部件运输的相关费用。现阶段,由于装配式建筑仍处在前期发展阶段,大部分的装配式部件一般由建设单位或施工单位自行完成,展业的部件生产厂商比较好,因此部件的营销费用在成本中所占的比例不大。

5. 建安成本(C_{15})

建安成本主要包括装配式建筑在施工过程中的直接费用与间接费用。其中直接费用是不含材料费的,材料费在总成本中单独列支。直接费用主要包括人工费、施工机械使用费、安全文明施工费、施工降水费、大型机械进出场和安拆费等。间接费用由企业管理费和规费组成,其中企业管理费主要包括管理人员工资、办公费、工具器具使用费和劳动保险费等。规费主要由社会保险费和住房公积金组成。[44] 装配式建筑在施工的过程中由于使用了大量的预制部件进行现场安装,减少了大量的现场混凝土与抹灰的使用量,降低了建安成本。但是由于现在装配式建筑模式发展仍不成熟,现场的大量吊装作业使部件的安装成本大幅度增加,所以装配式建筑的建安成本要略高于传统现浇建筑的建安成本。

6. 维修管理费用(C_{16})

维修管理费用主要包括装配式建筑在试用阶段为保证其正常的使用功能而需要支付的维修管理费用。相比于传统现浇建筑,装配式建筑的维修管理费用处于较低的水平,其原因主要包括以下三个方面。首先,装配式建筑由于其采用独特的生产工艺,以及部品构件的质量精度较高,故整体建筑质量及实用性远优于传统现浇建筑;其次,装配式建筑在进行标准化设计时采用目前优异的节能及供暖的技术设计,使其在使用阶段的采暖费用处于比较低的水平;最后,据有关资料研究得出,装配式建筑大概 20 年才会进行一次涉及结构调整的维修管理,并且维修管理费用也比较低。因此,装配式建筑在维修管理方面的经济效益优于传统现浇建筑。

7. 回收拆除费用(C_{17})

回收拆除费用是装配式建筑在回收拆除阶段的总成本与回收残值之间的差值。目前装配式建筑大多仍处在运营使用阶段,有关回收拆除阶段的装配式建筑比较少,所以无法得到具体的数据来分析装配式建筑的回收拆除费用的经济效益。但是装配式建筑在进行标准化设计时就已经考虑了回收拆除阶段的设计处理,这种设计及优化不仅使装配式建筑的部品构件的使用寿命大大增强,同时也使回收拆除后的回收残值更高,建筑垃圾更少。据有关资料统计,装配式建筑的回收残值约为总成本的 15%。因此,装配式建筑在回收拆除阶段的经济效益处在比较高的水平。

5.3.2　环境效益评价指标体系

目前的装配式建筑仍处在起步阶段,大多数建筑工程仍采用传统现浇模式进行施工,现场浇筑混凝土及建筑工人的作业施工导致了施工现场扬尘污染与噪声污染无法得到有效控制。除此之外,传统现浇模式对资源与能源的耗费量同样得不到有效地控制,这不利于国内建筑业的持续发展。而装配式建筑独特的标准化设计以及新技术、新材料的使用在最大限度上减少了资源与能源的耗费,同时由于装配式建筑大多采用现场安装的工序,减少了施工现场湿作业的作业量,从而能有效控制施工现场的环境污染。

装配式建筑模式具有很高的环境效益,根据有关资料及实际的装配式工程数据,确定了环境效益评价指标体系,具体如图 5.2 所示。

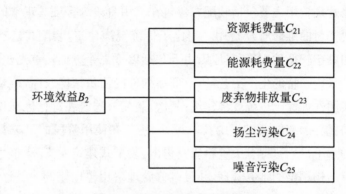

图 5.2　环境效益评价指标体系

1. 资源耗费量(C_{21})

资源耗费量主要包括在施工的过程中材料资源的耗费量,主要是水、钢筋、模板等资源的耗费量。据相关研究及国家统计局数据显示,2017 年,在建筑物的建筑过程中材料费在建安总成本的占比达到了 70% 左右。每年建筑业在水、钢筋、模板方面的耗费量十分巨大,且在建造过程中会耗费大量的不可再生资源,我国的建筑业资源耗费量水平与西方发达国家相比仍处于较高的水平,而装配式建筑的产生为建筑业资源耗费量的减少提供了新的方向和思路。

2. 能源耗费量(C_{22})

能源耗费量主要包括在施工建造阶段与运营使用阶段建筑所消耗的能源总耗费量。尤其指建筑在使用过程中所耗费的能源总量,如日常使用的采暖、空调、照明灯等方面。如何降低建筑使用阶段的能源耗费量成了目前需要迫切解决的问题。在标准化设计的过程中,装配式建筑可以结合节能的相关设计达到减少建筑业能源耗费量的目的。

3. 废弃物排放量(C_{23})

废弃物排放量主要包括在施工建造阶段与回收拆除阶段建筑所产生的废弃物的总排放量,具体包括固体建筑垃圾、废气、废水等。据有关资料及国家统计局数据显示,2016～2017 年,砖混结构的建筑垃圾产生量约为 60 kg/m²;框架结构的建筑垃圾产生量约为 125 kg/m²。而绝大多数的建筑垃圾是不可以再回收进行利用,因此如何减少废弃物的排放量对保护环境有着明显的积极意义。

4. 扬尘污染(C_{24})

扬尘污染主要包括在施工建造阶段建筑所产生的粉尘污染。为进一步提升我国的空气质量,保护和改善大气环境,扬尘污染是建筑业刻不容缓需要解决的问题。某环境监测保护机构对某地 5 个项目进行了为期 3 个月的扬尘污染检测情况分析,并按照建筑施工建造阶段的土方施工阶段、主体结构施工阶段及二次结构与装修施工阶段对扬尘污染情况进行了对比分析,具体见表 5.1。

表 5.1　土方施工阶段、主体结构施工阶段及二次结构与装修施工阶段扬尘污染情况的对比分析

施工阶段	污染区域	扬尘种类	平均浓度 (mg/m³)	平均超标倍数	检测方差 (mg/m³)
土方	道路旁	粉尘	3.58	2.34	3.79
	水泥工作区	水泥粉尘	7.53	1.85	6.82
主体结构	木作工作区	木粉尘	9.32	2.76	1.21
	钢筋打孔	水泥粉尘	9.06	2.12	0.37
二次结构与装修	刷抹灰	水泥粉尘	7.43	1.72	1.08
	刷腻子	石膏粉尘	16.51	2.17	0.62

由表 5.1 可知,扬尘污染情况主要集中在建筑物的主体结构施工阶段与二次结构与装修阶段,在土方施工阶段扬尘污染较小。装配式建筑的产生

可以有效地降低土体结构及二次结构与装修施工阶段的扬尘污染,这是因为其大部分构件均在工厂化预制且在预制阶段就可以进行部分装修的施工,所以装配式建筑模式能够大幅地提高建筑的环境效益。

5. 噪声污染(C_{25})

噪声污染主要包括在施工建造过程中大型机械设备施工所产生的对人体有害的声音污染。对建筑施工建造的整个阶段而言,在其主体结构施工过程中所产生的噪声污染对周围的环境影响最大。因为在主体结构施工中所使用的混凝土泵车、振捣设备、发电机、电锯等噪声均高于环境噪声限值。因此,如何降低建筑在施工建造阶段的噪声污染是目前待以解决的关键问题。

5.3.3　社会效益评价指标体系

目前装配式建筑模式仍处于发展阶段,因此对社会效益的分析不如经济效益与环境效益分析那么全面直观。但是由第 4 章装配式建筑的社会效益分析可以得出,装配式建筑模式对生产及管理模式的转变、劳动生产率水平的提高、相关产业的带动以及客户满意度的提升都有着非常积极的意义。

经过有关文献资料的查阅以及对有关专家的走访调查,本节对装配式建筑社会效益的评价选取以下 4 个指标,具体如图 5.3 所示。

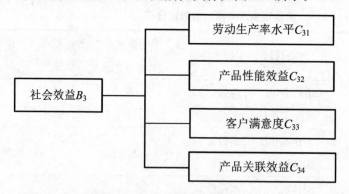

图 5.3　社会效益评价指标体系

1. 劳动生产率水平(C_{31})

劳动生产率水平主要是指在建筑业一般按照年人均完成实物的建筑面

积来衡量整个建筑业的劳动生产率水平。[45]根据有关资料及国家统计局的数据,2016 年人均完成的实物建筑面积为 103.23 m²,2017 年人均完成的实物建筑面积为105.18 m²,相比较 2012 年的 99.27 m² 有了很大提高,但距离国外发达水平仍有比较大的差距。装配式建筑模式的产生能有效地提高建筑业的劳动生产率水平,所以其社会效益相比于传统现浇建筑有比较明显的提升。

2. 产品性能效益(C_{32})

产品性能指标主要是指建筑产品的质量及性能水平。因为建筑产品的质量性能水平可以在一定程度上直接反映当前的建筑建设水平,因此,国家对建筑质量性能从很早就开始执行建筑性能的评定工作,以此来反映建筑性能的高低。

建筑性能主要分为:A 级、B 级与 C 级。其中 A 级代表建筑性能很好,是非常适宜居住的建筑;B 级代表建筑性能一般,但是可以居住的建筑;C 级代表建筑性能不合格,是不适宜居住的建筑产品。A 级建筑按照性能的高低又可以划分为 AAA 级建筑、AA 级建筑与 A 级建筑。国家自 1999 年开始进行建筑性能评定工作以来,2015～2017 年,在上海、北京、浙江等地认证的建筑多为 AA 级建筑,这说明我国建筑业建筑性能仍有比较大的提升空间。

3. 客户满意度(C_{33})

客户满意度主要是指客户对供应商提供的产品或服务已经达到或已经超过消费预期的主观感受。建筑业的客户满意度主要反映的是入住者对建筑产品的实用性、多样性以及功能性上的主观感受。其中实用性是指建筑产品及内部的设备是否能够满足入住者的基本使用性能;多样性主要是指建筑产品是否能够满足不同入住者的不同需求;功能性主要是指建筑产品是否能够满足入住者对居住功能以及自我改造功能的不同需求。

4. 产品关联效益(C_{34})

产品关联效益主要是指当一个产品部门增加一个单位的最终产品时,对国民经济其余各部门的影响程度。对于建筑业的产品关联效益的衡量一般采用产业诱发系数来表征。[46]据有关资料及国家统计局的数据,建筑业的产业关联度很高,产业诱发系数约为 1.95,即建筑业每投入 1 万元,可以诱发国内全部产业产值增长 1.95 万元。因此,如何提高建筑业的产业关联效益是未来建筑业发展的重要方向。

5.3.4　安全效益评价指标体系

通过对装配式建筑的安全效益分析,可知其着重强调的是装配式建筑相比于传统现浇建筑在人员层面、施工层面及整体安全层面的安全效益。首先,考虑人的因素,包括监管机构人员设置的合理性以及安全教育、防护、检查的及时性等。其次,考虑装配式建筑的整体建筑安全水平,这是一个相对综合的概念。在充分考虑装配式建筑对安全各方面影响大小的前提下,对装配式建筑的安全效益进行研究与评价。本节选取了以下 3 个子指标,如图 5.4 所示。

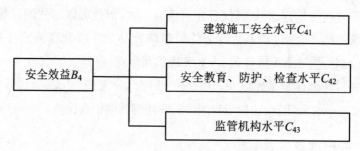

图 5.4　安全效益评价指标体系

1. 建筑施工安全水平(C_{41})

建筑施工安全水平主要是指施工建造阶段在施工现场从事施工的人员的安全情况。目前,由于施工现场复杂、人员技术水平参差不齐及管理者安全意识水平有限,建筑业仍是事故风险较高的行业。如何有效降低建筑业的事故发生率仍是目前待以解决的重要问题,而装配式建筑模式的产生则为此提供了新的契机,因此随着装配式建筑在我国的持续发展待形成足够的规模效应后,整个建筑业的建筑施工安全水平将会进一步提升。

2. 安全教育、防护、检查水平(C_{42})

安全教育、防护、检查水平主要是指施工现场安全教育、防护、检查是否符合规范。具体包括三个方面：一，是否对施工中的各个环节、各个从业人员进行安全技术交底，是否形成了规范的安全技术交底书面文件；二，整个施工现场的安全防护是否达标，是否设置了必要的安全网、安全梯，从业人员是否按照规范佩戴安全衣、安全帽、安全鞋等；三，施工现场项目经理及专职安全员的从业水平是否达标，是否满足规范的要求。

3. 监管机构水平(C_{43})

监管机构水平主要是指施工现场监管的水平，主要包括两个方面：一方面，是指监管机构人员的水平，包括从事监管工作人员的基本素质、专业技能与从业经验的水平；另一方面，是指监管机构的制度水平，制度是否全面、完善，是否对施工的关键环节都有相对的控制措施与指标。以上都是反映监管机构水平的重要因素。

5.4 装配式建筑综合效益评价指标体系

由上述四个效益指标体系得到装配式建筑综合效益评价指标体系，见表 5.2。

表 5.2 装配式建筑综合效益评价指标体系

目标层	准则层	编号	指标层
装配式建筑综合效益评价指标体系	经济效益 B_1	1	生产研发费用 C_{11}
		2	部件设计成本 C_{12}
		3	部件生产成本 C_{13}
		4	部件营销费用 C_{14}
		5	建安成本 C_{15}
		6	维修管理费用 C_{16}
		7	回收拆除费用 C_{17}

续表

目标层	准则层	编号	指标层
装配式建筑综合效益评价指标体系	环境效益 B_2	8	资源耗费量 C_{21}
		9	能源耗费量 C_{22}
		10	废弃物排放量 C_{23}
		11	扬尘污染 C_{24}
		12	噪声污染 C_{25}
装配式建筑综合效益指标体系	社会效益 B_3	13	劳动生产率水平 C_{31}
		14	产品性能效益 C_{32}
		15	客户满意度 C_{33}
		16	产品关联效益 C_{34}
	安全效益 B_4	17	建筑施工安全水平 C_{41}
		18	安全教育、防护、检查水平 C_{42}
		19	监管机构水平 C_{43}

5.5 对评价指标体系权重的理论方法研究

对装配式建筑的综合效益评价的前提是构建一个综合评价指标体系，也是指用规范的、系统的方法对多个指标、多个单位同时进行综合评价的方法。而对于综合评价是否准确或者是否具有实际的意义，最关键的环节就是确定每个指标的权重。其确定方法主要有 Delphi 法、模糊聚类分析法、熵权法和层次分析法等。

5.5.1 指标体系权重确定的常见方法

1. Delphi 法

Delphi 法(德尔菲法)也称为专家调查法，是美国兰德公司于 1946 年创始并实行的。德尔菲法主要依据系统规定的程序,采用匿名发表意见的方式,使专家之间不得互相联系,只能与调查人员进行联系,如此通过多轮次调查,专家对问卷所提问题的看法,经过反复的征求、归纳、修改,最后汇总各位专家基本一致的看法,以此作为预测的结果。德尔菲法的优点在于能够充分展现各位专家的观点,集思广益,准确性高,也不容易互相影响;缺点在于需要花费较长的时间,并且很难一次性请到多位专家。

2. 模糊聚类分析法

模糊聚类分析法,是从模糊集的观点来探讨事物的数量分类的一类方法,其主要是利用指标间的模糊关系进行评价。用模糊聚类分析法进行指标权重的计算最关键的一步是利用数量级法得出指标间的模糊等价关系矩阵,从而利用模糊等价关系矩阵对指标的重要程度进行分类及排序,最终即可得出每个指标的权重。模糊聚类分析法的优点是得出的结论直观明了、形式简明;缺点是在样本量较大、较复杂的情况下,要获得结论困难较大,此方法更适合样本量较小的情况。

3. 熵权法

熵权法作为一种代表性的客观赋权方法,在进行指标权重的计算中扮演非常重要的角色。其主要是使用熵值来表征某个指标的离散程度,离散程度越大,权重也就越大,其熵值相应也就越小。一般来说,某个指标的信息熵越小,表明指标值的变异程度就越大,提供的信息量也就越多,其权重就越大,在综合评价中所能起到的作用也越大。相反,如果某个指标的信息熵越大,则表明指标值的变异程度越小,其权重也就越小,能够提供的信息量也越少,在综合评价中所起到的作用也越小。在具体应用时,可以根据各指标值的变异程度,利用熵来计算各指标的熵权,再利用各指标的熵权对所有的指标进行加权,从而得到较为客观的评价结果。熵权法的关键步骤是根据熵的定义来定义熵权,通过计算归一化之后的判断矩阵,即可以得出指标的权重。[48]熵权法的优点在于能够避免赋予权重时的主观性;缺点在于当指标的变异值较小时,熵权法较为局限。

确定指标权重的方法有很多,且各有利弊。针对装配式建筑综合效益评价指标体系的结构与特点,本节选取层次分析法进行指标权重的确定。

5.5.2　层次分析法的理论探索

层次分析法是 1975 年由美国 T. L. Saaty 教授提出的。它是一种对于复杂问题进行由上而下分解来确定各个组成因素,然后把这些因素按所属关系进行分配,形成递进层次结构,并进行定量和定性相结合的层次化、系统化分析的方法。[49]层次分析法的出现有助于决策者对定量困难的问题做出准确判断,其基本步骤如下:

(1) 建立层次分析法的递层次结构

根据研究对象,分析系统中各元素之间的关系,将系统中的各元素按关键递进关系进行层次化划分为上层元素与下层元素,其中上层元素是由下层元素组成且可以支配下层元素的,从而根据上、下层元素关系构建层次结构模型。构建的层次结构模型主要包括目标层、准则层和指标层。

目标层:问题的理想结果或预定目标,仅有一个元素。

准则层:为实现目标层的理想结果或预定目标所包括的所有中间环节,也可以存在隶属关系,包括子准则层。

指标层:实现目标的具体措施与方案。

一个好的层次结构体系对于装配式建筑综合效益评价非常重要,在建立装配式建筑综合效益层次结构时,一定要对综合效益相关指标有全面、深入的理解和认识。递阶层次结构体系的层次划分要结合装配式建筑综合效益的效益分类和实际情况来确定。在满足评价需要且不影响评价结果的基础上,尽量减少每一层次中的指标因素,以便于计算判断矩阵的各个指标权重。

本书构建的装配式建筑综合效益评价指标体系如图 4.4 所示,在此不再赘述。

(2) 建立两两比较判断矩阵

本节采用九级标度法来确定统一层次之间各元素的重要程度对比,将其相对重要性表现出来。数值越小,表征该指标的重要程度越低;数值越高,表征该指标的重要程度越高。判断标度(1~9)及其含义见表 5.3。

表 5.3 判断矩阵的判断标度(1~9)及含义分析

判断标度	含义
1	前者和后者相比,两者同样重要
3	前者和后者相比,前者比后者稍微重要
5	前者和后者相比,前者比后者明显重要
7	前者和后者相比,前者比后者强烈重要
9	前者和后者相比,前者比后者绝对重要
2,4,6,8	上述相邻判断的中间值
倒数	若 i 元素和 j 相对重要性之比为 b_{ij},则 j 和 i 元素重要性之比为 $b_{ji} = \dfrac{1}{b_{ij}}$

两两比较之后可以构造判断矩阵 B,假设指标层 B_1、B_2、$\cdots$、B_n,属于上一层次结构中的 A,则评判矩阵见表 5.4。

表 5.4 判断矩阵分析表

A	B_1	B_2	B_3	$\cdots$	B_n
B_1	1	b_{12}	b_{13}	$\cdots$	b_{1n}
B_2	b_{21}	1	b_{23}	$\cdots$	b_{2n}
B_3	b_{31}	b_{32}	1	$\cdots$	b_{3n}
$\cdots$	$\cdots$	$\cdots$	$\cdots$	$\cdots$	$\cdots$
B_n	b_{n1}	b_{n2}	b_{n3}	$\cdots$	1

(3) 计算指标权重

根据矩阵理论可以知道,各因素的权重就是矩阵的特征向量 w,它对应的矩阵最大特征值记为 $\lambda_{\max}$。各因素的权重系数可由公式(5.1)可得

$$Bw = \lambda_{\max} w \qquad (5.1)$$

为了便于计算,我们常使用方根法进行计算,具体步骤如下。

① 将每一行判断矩阵的元素相乘,得到

$$M_i = \prod_{j=1}^{n} b_{ij} \quad (i = 1, 2, \cdots, n) \tag{5.2}$$

② 计算 M_i 的 n 次方根,得到

$$\tilde{w} = \sqrt[n]{M_i} \quad (i = 1, 2, \cdots, n) \tag{5.3}$$

③ 将向量 $W = (\tilde{w}_1, \tilde{w}_2, \cdots, \tilde{w}_n)^{\mathrm{T}}$ 归一化,向量 W 表示各指标权重值:

$$w_i = \frac{\tilde{w}_i}{\sum_{i=1}^{n} \tilde{w}_i} \quad (i = 1, 2, \cdots, n) \tag{5.4}$$

④ 计算判断矩阵最大特征值 $\lambda_{\max}$:

$$\lambda_{\max} = \sum_{i=1}^{n} \frac{(BW)_i}{n w_i} \tag{5.5}$$

(4) 矩阵一致性检验

因为层次分析法的判断矩阵受主观原因影响较大,为避免构建的判断矩阵出现标度不协调的情况,例如指标 a、指标 b、指标 c 三者的重要程度很接近,且 $a>b, b>c$,而又 $c>a$,重要性相矛盾,所以需要对判断矩阵进行一致性检验。具体步骤如下。

① 计算一致性指标(CI):

$$CI = \frac{\lambda_{\max} - n}{n - 1} \tag{5.6}$$

② 利用表 5.5,找出判断矩阵对应的平均随机一致性指标(RI)值。

表 5.5 平均随机一致性指标(RI)

n	1	2	3	4	5	6	7	8	9	10
RI	0	0	0.58	0.90	1.12	1.24	1.32	1.41	1.45	1.49

③ 一致性检验（CR）：

$$CR = \frac{CI}{RI} \tag{5.7}$$

在式(5.7)中,CR 表示一致性利率。

当 CR<0.10 时,则可以认为判断矩阵具有满意的一致性;当 CR≥0.1 时,需修正判断矩阵,使其通过一致性检验。

5.6　集对分析理论

进行综合评价的方法有很多,如有模糊综合评价法、DEA 法、灰色理论等。但是它们均无法从确定性与不确定性中得出较为完备的结论。因此针对装配式建筑的综合效益研究的特点,可以选择集对分析理论从联系熵的角度对综合效益进行评价。

5.6.1　集对分析理论的简介

集对分析理论是处理确定性与不确定性相互作用的一种数学理论,于 1989 年由中国数学家赵克勤提出。[50]该理论主要对两个事物间的确定性与不确定性进行分析。

假设目前要研究的问题为 V,问题的两个方面分别为集合 A 和集合 B,其构成的集对为 $H=(A,B)$,而构成的集对中一共包含了 N 种特征。这 N 种特征在集对 H 的两个集合里,其中有 S 个特征表现一致,有 P 个特征表现对立,剩余的特征表现既非相同,亦非对立,则进行以下定义：

S/N 是集对 $H=(A,B)$ 的同一度,记为 a;

F/N 是集对 $H=(A,B)$ 的差异度,记为 b;

P/N 是集对 $H=(A,B)$ 的对立度,记为 c。

上式中的 a、b、c 从三个不同的角度对两个集合之间的相互联系进行了描述。

为了能对两个不同集合的联系情况进行总体的概述,则利用式(5.8)进行表征:

$$\mu(W) = \frac{S}{N} + \frac{F}{N}i + \frac{P}{N}j \qquad (5.8)$$

在上式中,μ 表示联系度,它可以是一个多项式,在特定的情况下可以是一个数值,而此时的 μ 称之为联系数;i 表示差异度系数,一般在正负型对立的情况下取值范围为$[-1,1]$,可根据不同的情况进行取值;对立度系数 j 的取值恒为-1。

一般也可将式(5.8)简化表示,如式(5.9)所示。

$$\mu = a + bi + cj \qquad (5.9)$$

其中,a、b、c 满足归一化条件,即 $a+b+c=1$。

当采用 μ 即联系度进行问题的分析时,常采用三元联系度进行分析,即如 $\mu = a+bi+cj$。若将 bi 按照集合 A、集合 B 的子集或不确定性的类型等,可以进一步拓展为 $bi = b_1 i_1 + b_2 i_2 + \cdots + b_{k-2} i_{k-2} (k>3)$,则其表示的是 k 元联系度,即如式(5.10)所示。

$$\mu_{A-B} = a + b_1 i_1 + b_2 i_2 + \cdots + b_{k-2} i_{k-2} + cj \qquad (5.10)$$

在式(5.10)中,$b_1,b_2,\cdots,b_{k-2}$分别表示差异度的不同级别,称为差异度分量;$i_1,i_2,\cdots,i_{k-2}$称为差异度分量系数。

5.6.2　集对分析理论效益评价的理论探索

1. 联系熵

在集对分析理论中,联系熵是一个很重要的概念。其由同熵、异熵、反熵构成,是一种复合熵,同时也是一种完备熵和基本熵。其联系熵的完备性在于它刻画了确定性与不确定性的统一度量,包括了目前所有熵的概念,使我们能更加全面地去认识和解释事物间的联系。而联系熵的基本性在于它是从同、异、反三个不同的角度或者说是三种不同的概念分析得出的,具有集对分析理论的基本性。具体的同熵、异熵、反熵及联系熵的计算如式(5.11)~式(5.14)所示。

同熵记为

$$S_a = \sum a_n \ln a_n \tag{5.11}$$

异熵记为

$$S_b = \sum b_n \ln b_n \tag{5.12}$$

反熵记为

$$S_c = \sum c_n \ln c_n \tag{5.13}$$

联系熵记为

$$S = S_a + i S_b + j S_c = \sum a_n \ln a_n + i \sum b_n \ln b_n + j \sum c_n \ln c_n \tag{5.14}$$

由式(5.11)~式(5.14)可以得出同熵、异熵、反熵及联系熵的计算方法,其中联系熵是三者中最重要的概念,因为其能全方位地反映同、异、反的联系程度。由 $a+b+c=1$, i 在 $[-1,1]$ 之间随机取值,j 的取值则恒为 -1。通过 i 及 j 的取值,可以将同熵、异熵与反熵三者统一结合起来。其中,同熵 S_a 与反熵 $j S_c$ 是相对确定的,异熵则不确定。

2. 联系熵的计算及评价方法

联系熵的计算,因指标的性质不同,其计算方法也是不同的,具体可分为正指标计算与反指标的计算。正指标指的是指标值越大,则对整体评价结果越优。其熵的计算如式(5.15)所示。

$$S_a = \frac{1}{\sum a_n \ln a_n} \tag{5.15}$$

反指标指的是指标值越小,则对整体评价结果越优。其熵的计算如式(5.16)所示。

$$S_a = \sum a_n \ln a_n \tag{5.16}$$

由式(5.15)及式(5.16)可以得出联系熵的计算方法。当采用联系熵进行综合评价时,首先应根据权重的确定方法确定指标的权重,进而确定各评价等级的标准联系熵。例如对评价等级 I 而言,评价指标为 x_i,其对应的权重 w_i,则评价等级 I 的标准联系熵的计算公式如式(5.17)所示。

$$S_M = \sum_{i=1}^{n} w_i S_{x_1}^{M} \tag{5.17}$$

计算出评价等级的标准联系熵后,即可采用均值法确定各评价等级的熵值范围。最后,进行整体评价系统的熵值计算,整体评价系统熵值落入哪个等级区间即可确定该评价等级。

第6章 装配式建筑的综合效益评价
——以合肥市为例

6.1 层次分析法确定指标权重

在进行装配式建筑综合效益评价之前,确定各指标的权重是非常重要的。由5.5.1节可以得出,确定指标权重的方法有很多,而本书选取层次分析法进行指标权重的确定。

6.1.1 各级指标权重的确定

根据装配式建筑综合效益评价模型,采用问卷调查的方式对评价模型中各指标的权重进行相应分析。问卷发放的主要对象为从事装配式建筑相关工作的设计人员、技术研发人员以及装配式建筑施工企业的建造人员等几类与装配式建筑研究和实践密切相关的群体。共发放问卷300份,剔除无效问卷及信息不全的问卷后,有效问卷为283份,有效率为94.3%,故调查问卷有效率符合要求。通过整理调查数据得出各级指标体系的判断矩阵,其结果见表6.1~表6.6。

表6.1 准则层判断矩阵

装配式建筑综合效益 A_1	经济效益 B_1	环境效益 B_2	社会效益 B_3	安全效益 B_4
经济效益 B_1	1	3	5	6
环境效益 B_2	1/3	1	2	3
社会效益 B_3	1/5	1/2	1	2
安全效益 B_4	1/6	1/3	1/2	1

表 6.2 经济效益指标层判断矩阵

经济效益 B_1	生产研发费用 C_{11}	部件设计成本 C_{12}	部件生产成本 C_{13}	部件营销费用 C_{14}	建安成本 C_{15}	维修管理费用 C_{16}	回收拆除费用 C_{17}
C_{11}	1	2	4	5	3	4	7
C_{12}	1/2	1	2	3	2	2	5
C_{13}	1/4	1/2	1	2	1/2	1	3
C_{14}	1/5	1/3	1/2	1	1/3	1/2	2
C_{15}	1/3	1/2	2	3	1	2	4
C_{16}	1/4	1/2	1	2	1/2	1	3
C_{17}	1/7	1/5	1/3	1/2	1/4	1/3	1

表 6.3 环境效益指标层判断矩阵

环境效益 B_2	资源耗费量 C_{21}	能源耗费量 C_{22}	废弃物排放量 C_{23}	扬尘污染 C_{24}	噪声污染 C_{25}
C_{21}	1	2	4	3	7
C_{22}	1/2	1	2	2	5
C_{23}	1/4	1/2	1	1/2	3
C_{24}	1/3	1/2	2	1	4
C_{25}	1/7	1/5	1/3	1/4	1

表 6.4 社会效益指标层判断矩阵

社会效益 B_3	劳动生产率水平 C_{31}	产品性能效益 C_{32}	客户满意度 C_{33}	产业关联效益 C_{34}
C_{31}	1	3	2	4
C_{32}	1/3	1	1/2	2
C_{33}	1/2	2	1	3
C_{34}	1/4	1/2	1/3	1

表 6.5　安全效益指标层判断矩阵

安全效益 B_4	施工安全水平 C_{41}	安全教育、防护、检查水平 C_{42}	监管机构水平 C_{43}
C_{41}	1	3	5
C_{42}	1/3	1	2
C_{43}	1/5	1/2	1

以 $A-B$ 评判矩阵为例,方根法求权重的计算过程如下。

① 将 $A-B$ 矩阵按行相乘,得到

$$M_i = (90, 2, 1/5, 1/36)^{\mathrm{T}}$$

② 计算 M_i 的 4 次方根,得到

$$\widetilde{w} = (0.576, 0.222, 0.125, 0.076)^{\mathrm{T}}$$

③ 归一化 $\widetilde{w}$,得到的权重为

$$w = (0.576, 0.222, 0.125, 0.076)^{\mathrm{T}}$$

④ 一致性检验:

$$\lambda_{\max} = \sum_{i=1}^{n} \frac{(BW)_i}{nw_i} = 4.034$$

$$CI = \frac{\lambda_{\max} - n}{n-1} = \frac{4.034 - 4}{4-1} = 0.011$$

当 $n=4$ 时,查表知 $RI=0.90$,$CR = \dfrac{CI}{RI} = \dfrac{0.011}{0.9} = 0.012 < 0.1$,即以 $A-B$ 评判矩阵一致性检验通过。

同理,可以得到判断矩阵 B_1-C、B_2-C、B_3-C、B_4-C 的指标权重与一

致性检验的结果,如表 6.6。

表 6.6 判断矩阵特征向量、最大特征值及一致性检验结果分析表

矩阵	权重	λ_{max}	CI	RI	CR	一致性
$A-B$	$w=(0.576,0.222,0.125,0.076)^T$	4.034	0.011	0.90	0.012	满足
B_1-C	$w_1=(0.358,0.201,0.097,0.059$ $0.151,0.097,0.037)^T$	7.105	0.017	1.32	0.013	满足
B_2-C	$w_2=(0.432,0.246,0.111,$ $0.164,0.047)^T$	5.075	0.019	1.12	0.017	满足
B_3-C	$w_3=(0.467,0.160,0.278,$ $0.095)^T$	4.031	0.010	0.90	0.011	满足
B_4-C	$w_4=(0.648,0.230,0.122)^T$	3.004	0.002	0.58	0.003	满足

6.1.2 整体指标权重的确定

由表 6.6 可知各判断矩阵的指标权重分布情况,并且各判断矩阵的一致性均满足要求,故可以得出装配式建筑综合效益评价指标体系的整体权重为

$$w=(0.206,0.116,0.056,0.034,0.087,0.056,0.021,0.096,0.055,0.025,$$
$$0.037,0.010,0.058,0.020,0.035,0.012,0.050,0.018,0.009)$$

一致性检验结果为

$$CI=0.15, \quad RI=1.166, \quad CR=0.013<0.1$$

汇总结果如图 6.1 所示。

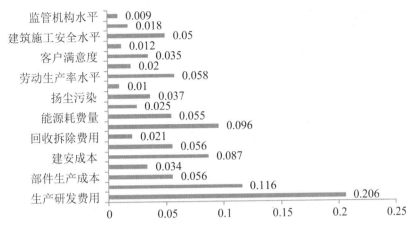

图 6.1　装配式建筑综合效益评价指标整体权重分布图

6.2　运用集对分析理论评价装配式建筑的综合效益

6.2.1　装配式建筑综合效益评价

目前,对合肥市的装配式建筑综合效益的评价分析主要从四个方面进行,分别为经济效益、环境效益、社会效益及安全效益。根据对装配式建筑综合效益相关理论文献的研究,并结合当前合肥市装配式建筑项目的实际情况,可以将装配式建筑的综合效益评价等级分为Ⅰ级(优秀)、Ⅱ级(良好)、Ⅲ级(中等)与Ⅳ级(合格)。[51]

本书拟采用标准熵及联系熵的方法进行装配式建筑综合效益评价的等级划分,但确定评价等级之前需要通过各个指标的确切数值来计算各等级的标准熵值。因此,结合目前合肥市装配式建设项目的实际,从某地产公司2017 年对合肥市整体装配式建筑项目的研究结果中,选取 19 项指标的区间中值进行各评价等级的标准熵值的计算。

1. 装配式建筑的经济效益评价

在对合肥市各个装配式建筑项目的资料进行调查与研究的基础上,根据某地产公司 2017 年对合肥市整体装配式建筑项目的研究结果,最终确立合肥市目前装配式建筑的经济指标分级标准,见表 6.7。

表 6.7　装配式建筑的经济效益评价指标分级标准

评价指标	评价等级及分值							
	优秀 I		良好 II		中等 III		合格 IV	
	区间值	中间值	区间值	中间值	区间值	中间值	区间值	中间值
C_{11}	0~40	20	40~60	50	60~80	70	80~100	90
C_{12}	0~30	15	30~40	35	40~50	45	50~60	55
C_{13}	0~3 000	1 500	3 000~3 500	3 250	3 500~4 000	3 750	4 000~5 000	4 500
C_{14}	0~300	150	300~350	325	350~400	375	400~500	450
C_{15}	0~800	400	800~1 800	1 300	1 800~2 800	2 300	2 300~5 000	3 650
C_{16}	0~40	20	40~50	45	50~60	55	60~100	80
C_{17}	0~150	75	150~250	200	250~350	300	350~500	425

在表 6.7 中,生产研发费用(C_{11})、部件设计成本(C_{12})、建安成本(C_{15})、维修管理费用(C_{16})及回收拆除费用(C_{17})均采用每平方米造价表示,部件生产成本(C_{13})及部件营销费用(C_{14})均采用立方造价表示。

计算各评价等级的标准联系熵值,具体计算如下所示。

① 经济效益评价指标处于 I 级:

$$S_1 = \sum_{i=1}^{7} w_i S_{x_i}^1 = w_1 S_{x_1}^1 + w_2 S_{x_2}^1 + \cdots + w_7 S_{x_7}^1 = 1\,517.709$$

② 经济效益评价指标处于 II 级:

$$S_2 = \sum_{i=1}^{7} w_i S_{x_i}^2 = w_1 S_{x_1}^2 + w_2 S_{x_2}^2 + \cdots + w_7 S_{x_7}^2 = 4\,218.501$$

③ 经济效益评价指标处于Ⅲ级：

$$S_3 = \sum_{i=1}^{7} w_i S_{x_i}^3 = w_1 S_{x_1}^3 + w_2 S_{x_2}^3 + \cdots + w_7 S_{x_7}^3 = 6\ 038.54$$

④ 经济效益评价指标处于Ⅳ级：

$$S_4 = \sum_{i=1}^{7} w_i S_{x_i}^4 = w_1 S_{x_1}^4 + w_2 S_{x_2}^4 + \cdots + w_7 S_{x_7}^4 = 8\ 673.22$$

采用均值法确定各等级熵值范围如下所示。

Ⅰ级（优秀）：$(-\infty, 2\ 868.105]$

Ⅱ级（良好）：$(2\ 868.105, 5\ 128.520]$

Ⅲ级（中等）：$(5\ 128.520, 7\ 355.88]$

Ⅳ级（合格）：$(7\ 355.88, +\infty)$

通过合肥市某地产公司 2017 年对合肥市装配式建筑的各项经济指标进行的统计分析,得到其各指标的具体数值见表 6.8。

表 6.8 合肥市装配式建筑项目经济指标数值

经济指标	C_{11}	C_{12}	C_{13}	C_{14}	C_{15}	C_{16}	C_{17}
数值	55	40	2 600	400	2 200	40	200

将合肥市目前装配式建筑的经济指标数值代入联系熵的计算公式中,得到熵值为

$$S_{B_1} = \sum_{i=1}^{7} w_i S_{x_i} = 4\ 843.28$$

S_{B_1} 为 4 843.28,位于区间 $(2\ 868.105, 5\ 128.520]$,故目前合肥市装配式建筑的经济效益评价属于良好水平。这说明目前合肥市装配式建筑的经济效益相比于传统现浇建筑模式已经呈现出一定的优势,但装配式建筑的部件

生产成本与建安成本仍然有些偏高,这也就在一定程度上制约了装配式建筑在经济效益上的更好表现。然而,随着装配式建筑规模的不断扩大,装配式建筑项目不断增多,尤其是装配式技术逐渐趋于成熟,部件的生产成本及建安成本也会逐步降低,装配式建筑将会表现出更加明显的经济优势。

2. 装配式建筑的环境效益评价

通过对合肥市各个装配式建筑项目的资料进行调查与研究,且根据某地产 2017 年对合肥市整体装配式建筑项目的研究结果,合肥市目前装配式建筑的环境效益指标分级标准见表 6.9。

表 6.9 装配式建筑的环境效益评价指标分级标准

评价指标	评价等级及分值							
	优秀 I		良好 II		中等 III		合格 IV	
	区间值	中间值	区间值	中间值	区间值	中间值	区间值	中间值
C_{21}	0~0.6	0.3	0.6~1.0	0.8	1.0~2.0	1.5	2.0~3.0	2.5
C_{22}	0~12	6	12~18	15	18~26	22	22~40	31
C_{23}	0~40	20	40~120	80	120~200	160	200~300	250
C_{24}	0~6	3	6~12	9	12~18	15	18~30	24
C_{25}	90~100	95	80~90	85	70~80	75	60~70	65

在表 6.9 中,C_{21} 用施工建造阶段水资源的消耗量进行表征,单位为 m^3/m^2;C_{22} 用运营使用阶段电量的消耗情况进行表征,单位为 $kW \cdot h/m^2$;C_{23} 单位为 kg/m^2;C_{24} 以扬尘排放量情况进行表征,单位为 mg/m^3;C_{25} 选取百分制进行定性说明。根据上述规则进行计算,结果见表 6.10 和表 6.11。

表 6.10 环境效益评价等级的标准熵值及熵值范围

评价等级	优秀 I	良好 II	中等 III	合格 IV
标准联系熵	9.68	52.071	113.79	192.91
熵值范围	$(-\infty, 30.876]$	$(30.876, 82.93]$	$(82.93, 153.35]$	$(153.35, +\infty]$

表 6.11　合肥市装配式建筑的环境效益指标分析值

环境指标	C_{21}	C_{22}	C_{23}	C_{24}	C_{25}
数值	0.48	14.5	78	8	85

将目前合肥市装配式建筑的环境指标数值代入联系熵的计算公式中，得到熵值为

$$S_{B_2} = \sum_{i=1}^{5} w_i S_{x_i} = 49.835$$

S_{B_2} 值为 49.835，位于区间 (30.876, 82.93]。故目前合肥市装配式建筑环境效益评价属于良好水平。由第 3 章的分析已经可以得出装配式建筑模式相比于传统的现浇建筑模式在环境效益方面有着更加突出的优势，特别是在资源、能源的节约方面以及抑制扬尘污染、噪声污染等方面都有着很明显的作用。

随着建筑行业的进一步扩大和发展，建筑生产活动及建筑产品的环境效益将会越来越受到人们的重视，而装配式建筑所具有的优良环境效益恰恰符合了建筑行业发展的需要，对于建筑领域真正意义上实现"四节一环保"这一目标有着重要的现实意义。

3. 装配式建筑的社会效益评价

根据某地产 2017 年对合肥市整体装配式建筑项目的研究结果，合肥市目前装配式建筑的社会效益指标分级标准见表 6.12。

表 6.12　装配式建筑的社会效益评价指标分级标准

评价指标	评价等级及分值							
	优秀 I		良好 II		中等 III		合格 IV	
	区间值	中间值	区间值	中间值	区间值	中间值	区间值	中间值
C_{31}	200～500	350	160～200	180	120～160	125	0～120	60
C_{32}	90～100	95	80～90	85	70～80	75	60～70	65
C_{33}	90～100	95	80～90	85	70～80	75	60～70	65
C_{34}	2～4	3	1.5～2	1.75	1～1.5	1.25	0～1	0.5

在表 6.12 中，C_{31} 以年人均完成建筑面积表征；C_{32} 以百分制的方式确定其等级分值；C_{33} 以百分制客户评分表征；C_{34} 用产业诱发系数表征。根据上述规则进行计算，结果见表 6.13 和表 6.14。

表 6.13   社会效益评价等级的标准熵值及熵值范围

评价等级	I	II	III	IV
标准联系熵	0.03	0.0987	0.342	0.528
熵值范围	$(-\infty, 0.064]$	$(0.064, 0.22]$	$(0.22, 0.435]$	$(0.435, +\infty]$

表 6.14   合肥市装配式建筑的社会效益指标分析值

社会指标	C_{31}	C_{32}	C_{33}	C_{34}
数值	225	85	70	1.53

将我国目前装配式建筑的社会指标数值代入联系熵的计算公式中，得到熵值为

$$S_{B_3} = \sum_{i=1}^{5} w_i S_{x_i} = 0.148$$

S_{B_3} 值为 0.148，位于区间 $(0.064, 0.22]$。故合肥市装配式建筑的社会效益评级属于良好水平。装配式建筑模式不仅在提高劳动生产率及建筑产品性能水平方面有着明显的优势，而且在带动相关产业的发展方面发挥着重要效用，最重要的是能够使建筑行业形成一种全新的产业格局。

4. 装配式建筑的安全效益评价

根据某地产 2017 年对合肥市整体装配式建筑项目的研究结果，合肥市目前装配式建筑的安全效益指标分级标准见表 6.15。

表 6.15　装配式建筑的安全效益评价指标分级标准

评价指标	评价等级及分值							
	优秀 I		良好 II		中等 III		合格 IV	
	区间值	中间值	区间值	中间值	区间值	中间值	区间值	中间值
C_{41}	90~100	95	80~90	85	70~80	75	60~70	65
C_{42}	90~100	95	80~90	85	70~80	75	60~70	65
C_{43}	90~100	95	80~90	85	70~80	75	60~70	65

在表 6.15 中,建筑施工安全水平(C_{41})、安全教育、防护、检查水平(C_{42})与监管机构水平(C_{43})目前没有具体的统计数据,本部分选择百分制的方式确定其等级分值。根据上述规则进行计算,结果见表 6.16 和表 6.17。

表 6.16　安全效益评价等级的标准熵值及熵值范围

评价等级	I	II	III	IV
标准联系熵	0.002 3	0.002 6	0.003 08	0.003 69
熵值范围	$(-\infty, 0.002\ 45]$	$(0.002\ 45, 0.002\ 84]$	$(0.002\ 84, 0.003\ 39]$	$(0.003\ 39, +\infty]$

表 6.17　合肥市装配式建筑的安全效益指标分析值

安全指标	C_{41}	C_{41}	C_{43}
数值	80	90	85

将我国目前装配式建筑的安全指标数值代入联系熵的计算公式中,得到熵值为

$$S_{B_4} = \sum_{i=1}^{5} w_i S_{x_i} = 0.002\ 73$$

S_{B_4} 值为 0.00273,位于区间(0.002 45,0.002 84]。故合肥市装配式建筑的安全效益属于良好水平。虽然目前装配式建筑的社会效益联系熵值为

0.058,处于Ⅱ级,但是十分接近Ⅰ、Ⅱ级的分界值0.054,这说明目前合肥市装配式建筑的安全效益优势非常大,能够大幅度地提高建筑现场全寿命周期的安全性。

6.2.2 装配式建筑的综合效益评价结果及建议

结合上述计算规则及各效益的指标权重,计算装配式建筑综合效益评价的各等级的标准联系熵值,并采用均值法确定最终评价等级的熵值区间。

综合效益评价四个等级(即Ⅰ,Ⅱ,Ⅲ,Ⅳ)的标准熵值分别为

$$S_1 = \sum_{i=1}^{19} w_i S_{x_i}^1 = w_1 S_{x_1}^1 + w_2 S_{x_2}^1 + \cdots + w_{19} S_{x_{19}}^1 = 877.757$$

$$S_2 = \sum_{i=1}^{19} w_i S_{x_i}^2 = w_1 S_{x_1}^2 + w_2 S_{x_2}^2 + \cdots + w_{19} S_{x_{19}}^2 = 2\,444.878$$

$$S_3 = \sum_{i=1}^{19} w_i S_{x_i}^3 = w_1 S_{x_1}^3 + w_2 S_{x_2}^3 + \cdots + w_{19} S_{x_{19}}^3 = 3\,507.728$$

$$S_4 = \sum_{i=1}^{19} w_i S_{x_i}^4 = w_1 S_{x_1}^4 + w_2 S_{x_2}^4 + \cdots + w_{17} S_{x_{19}}^4 = 5\,043.963$$

熵值区间依次为

Ⅰ级(优秀):$(-\infty, 1\,661.317]$

Ⅱ级(良好):$(1\,661.317, 2\,976.303]$

Ⅲ级(中等):$(2\,976.303, 4\,275.845]$

Ⅳ级(合格):$(4\,275.845, +\infty)$

将四种单项评价中的装配式建筑指标的具体数值代入到熵值计算公式中,得到装配式建筑综合效益的最终熵值为

$$S_{A_1} = \sum_{i=1}^{17} w_i S_{x_i} = w_1 S_{x_1} + w_2 S_{x_2} + \cdots + w_{17} S_{x_{17}} = 2\,803.695$$

通过对装配式建筑综合效益的19个指标数值进行熵值计算,并结合整

体评价的熵值区间可以得出目前合肥市装配式建筑的综合效益评价等级为Ⅱ级,即处于良好水平。

综上可得,通过经济效益、环境效益、社会效益与安全效益四方面的单项效益指标分析结果可知,四个单项效益等级评价结果均为良好,而装配式建筑的综合效益评价等级亦为良好水平。这表明虽然装配式建筑模式相比于传统现浇建筑模式的效益处在较高水平,但装配式建筑的综合效益仍有较大的提高空间。因此,要想提高合肥市装配式建筑综合效益的整体评级结果,可采取增加政府部门对装配式建筑企业、装配式部件生产商以及装配式建筑的相关技术研发机构的政策扶持和优惠力度等措施。[52]在合肥市全市范围内推广装配式建筑模式的应用,最终达到提升装配式建筑综合效益的结果。

第7章 促进装配式建筑发展的对策和建议

通过前文的论述和实例分析,不难看出作为建筑产业现代化的典型代表,装配式建筑突出的综合效益必将使其成为建筑行业发展势不可挡的新潮流。但是,由于我国装配式建筑较西方发达国家起步要晚,其发展过程中也不可避免地存在许多不完善之处,因此为促进装配式建筑在我国的进一步推进并使其成为建筑企业现代化发展的趋势,本章将从政策方面、经济方面、技术方面、市场方面以及管理方面对促进装配式建筑的蓬勃发展提出相应的对策和建议。

7.1 健全政策保障

装配式建筑概念自被引入我国以来就作为新生事物进入大众的视野,但新事物的推广离不开政府出台支持政策。近些年,不论是国务院发布的《关于大力发展装配式建筑的指导意见》,还是各地政府报告出台的各项发展装配式建筑的政策,国家和政府对于装配式建筑的发展都从政策层面予以一定程度的推广和促进。作为新事物与新技术,政策因素也就毫无疑问地成为影响装配式建筑发展的关键因素之一,它一方面起到推进发展的规范作用,另一方面起到促进发展的监督作用,但核心在于制度体系、推进和监督机制的建设,从而为装配式建筑的发展提供强有力的保障。

7.1.1 完善相关政策制度

通过近几年对装配式建筑的集中推进,我国多数地区已经基本完成了政策制度的顶层设计,在涉及装配式建筑的因素上有一定的覆盖面,然而由于我国装配式建筑推广实施较晚,虽然出台的各项政策制度较多,但是都处于探索期,缺乏完善的政策制度体系。因此,政府应完善相关政策法规,制定一套覆盖设计、生产、施工到验收全过程成熟完善的标准规范和办法,从而推进政策管理制度改革,这对于推进装配式建筑进一步发展至关重要。同时由于装配式建筑独有的特殊性,其推广政策的出台也需要各地区根据自身的特点制定,当前我国还有部分地区由于地方政府缺少实践经验,装配式建筑推广政策与地方发展需要不能完全适应,所以对于装配式建筑政策制度的制定应结合地方特色,做到因地制宜。此外,对于部分标准规范细则应当规范化与明确化,并及时更新,从而为装配式建筑发展提供全面指导。

7.1.2　发展有力的推进机制

政策的引导和推进作用对促进装配式建筑的发展不容小觑,政府应当加强对企业的组织,积极引导企业及时调整业务结构,鼓励原有企业转型、联合、兼并和重组,保障装配式建筑企业的优先发展地位,促使相应的集团合并以造就龙头企业,最终形成健全的龙头企业培育机制。鼓励龙头企业在住宅小区、大型城市综合体等项目中开展装配式建筑试点示范,扩大装配式建筑应用的范围和规模。通过广大优秀企业的发展和建设,在政策的顶层设计上保障统一的技术体系的建设,为后续通用化、标准化与模块化的进一步发展打下基础。

7.1.3　创新有效的监管体系

装配式建筑的监管体系对其质量和推进速度有着直接的影响作用,由于装配式建筑是新型的建造方式,而目前的监管体系是在传统建造方式的基础上发展而来的,还未形成与装配式建筑相适应的专用监管体系,所以导致在一些环节上的监管机制不健全。因此,需要根据工程建设和管理模式的特点进行相应的革新,在传统湿作业的基础上建立适应装配式建筑体系的新的监管机制,实现监督管理制度创新,如构件生产企业登记管理制度、部品备案和目录管理制度、构件生产的质量监管、预制构件产品流向监管、施工现场质量安全监管等,从而有针对性地建立装配式建筑切实有效的监管体系,全面保障装配式建筑的良序发展。

7.2 打破经济瓶颈

装配式建筑显示出来的环境效益、社会效益一直以来都是无可争辩的,但正因如此,其较高的投资成本使得经济效益就没有那么显著了。由于装配式建筑的经济效益是一项长远效益,当前还未形成规模的经济效益,且融资问题也是制约其发展的一大经济因素。所以针对基于有限理性考虑的企业和消费者,要想推广和促进装配式建筑的发展,破除经济上的制约就显得尤为重要且必不可少。

7.2.1 实施政策扶持和激励

对前期投入巨大的装配式建筑而言,政府的政策引导和扶持显得非常重要,应建立起如优先保障用地、拿地政策优惠、加大信贷力度、税收优惠、奖励容积率和建筑面积等方面的经济激励体制。同时建立专项资金,用以对中小企业发展装配式建筑项目的建设补贴和支持,调动企业主体的积极性,刺激企业积极转型升级,从而推进装配式建筑的实施。此外,加大科研投入,由政府提供专项经济补贴进行科技研发和创新,并对装配式技术研究有创新性突破的个人、企业或部门进行切实的物资奖励,从而带动社会公众一同推进装配式建筑发展进程。

7.2.2 发展特色供应链融资

通过对当前装配式建筑融资情况的了解,不难发现融资难的现状是其发展的一大制约因素。因此针对装配式建筑所具有的特点,有必要实施因地制宜的融资方式,开展多种融资渠道试点,推广装配式建筑供应链融资,进一步减轻装配式建筑各参与方的资金成本。供应链金融一般从商业银行业务扩展、企业融资服务多样化以及企业运营资金优化等三个方面进行,参与主体主要有金融机构、核心企业、供应链关联企业和物流企业。传统建筑业的供应链金融以建设方为核心企业,而在装配式建筑的供应链金融中,则是以预制构件厂为核心企业展开的。

发展装配式建筑特色供应链融资为解决建筑业融资的问题提供了新的思路,能够在一定程度上改善建筑企业的资金问题,然而相关制度和政策配套以及实施流程还需进一步完善。

7.3 夯实技术支撑

装配式建筑对于技术的要求较传统建筑而言要高得多,然而装配式建筑技术方面因素是多样且比较复杂的,并且其在建造过程中的重要地位直接关系到建设活动的进度和建筑产品最终的质量。从深层次而言,更是对装配式建筑在我国的最终发展状况和命运有直接影响。预制构件的设计、生产与施工对装配式建筑的推进工作尤为重要,因此在技术方面加大投入是关键。

7.3.1 完善模数体系和技术体系

对装配式建筑这种有特殊技术要求的建筑物来说,标准化设计和模数化生产是装配式建筑有效推进的前提,因此建立能够适应不同地区、不同气候条件和抗震性能,且施工工艺、工法娴熟的模数体系以及成熟完善的技术体系至关重要。目前,装配式建筑预制构件只在楼梯、厨房、卫生间等部位较为完善,缺少其他部位的模数体系,所以应进一步推进模数化建设,增强部品与部品之间的通用性,提高装配式建造的施工效率。同时成熟的模数技术,还能够使部品之间实现批量与高效的生产模式,大大提高装配式建造的经济性。

注重通用技术体系与集成技术体系的完善也是促进装配式建筑发展的重要方面。装配式建筑的质量与安全一直以来深受政府的高度重视,因此应加强对成熟适宜的通用技术体系的研究,鼓励使用新技术与新材料,在建筑技术体系达到通用水平的基础上,更加重视提高技术体系的集成性,将单一部品发展成楼梯、储藏、厨卫等成品体系,并将成品体系进行一体化的设计、生产和组装,从而促使装配式建筑实现由量变到质变的飞速发展。

7.3.2　加强专业人才培养和应用

目前,装配式建筑设计人员创新能力不足、工程实践经验不充分、施工人员技术水平不够等因素,也在很大程度上制约了装配式建筑的发展。因此,加强装配式建筑产业专业人才的培养和运用也是重中之重。

首先,可以通过高校设立针对性专业的形式开展专业性人才的培养,如在高等院校对部分专业进行调整、增设装配式建筑相关的软件应用课程,引导和鼓励学生积极参加 BIM 认证考试和学科竞赛,以此来加强人才培养。

其次,可以加大对企业实用技术人员的培养,让装配式建筑企业与相关职业教育机构进行合作,针对建设、设计、施工企业等专业技术和管理人员开展集中轮训,加大培训力度;也可以通过产学研的有效融合,构建产业工人和现场施工人员的联合培养机制,提高产业工人技术水平,提高建筑产品质量。

最后,可以在财政补贴的基础上,依托现有教育资源和大型建筑企业的雄厚实力,加强装配式建筑的基础研究和应用研究,为部品化的发展构筑技术和人才应用平台,从而推进装配式建筑的规模化与标准化生产。

7.3.3　提高信息化技术运用

信息化进程的发展对于装配式建筑的推进无疑是一大助推器,但由于我国装配式建筑起步较晚,且 BIM 等信息技术普及速度缓慢,这使得整体技术水平未达到高标准。因此,积极探索信息技术的应用对于促进装配式建筑的发展有重要意义。如创建基于 BIM 技术的合作交流平台。运用 BIM 技术把设计、采购、生产、配送、存储、施工、财务、运营与管理等各个环节集成在建立的信息化数据平台上,构建装配式建筑全过程管理平台、分析与设计系统与施工现场管理平台,最大限度地实现各参与主体的信息共享。同时,鼓励使用 ERP 企业资源计划管理系统,发展基于 BIM 的一体化项目实施(IPD)应用研究。此外,探索对装配式建筑项目的大数据管理,建设集钢铁、建材、安装、物流、家装、家电与智能制造为一体的"产业集群",充分运用大数据管理产业链,最大限度地提高技术创新能力,以推动装配式建筑全面发展。

7.4　加快市场培育

从供给端的企业和需求端的消费者来看,装配式建筑虽然已经慢慢开始推广开来,但是市场培育还是有些缓慢。一方面,房地产开发商、设计单位、构件生产单位、施工单位等单位形成了对传统建造方式的依赖,转型意愿不够强烈,探索创新的积极性不高,致使装配式建筑推进困难。另一方面,消费者对装配式建筑安全性能、抗震性能以及经济效益等方面的认识不够,致使装配式建筑市场需求不足。同时由于起步晚,对于全新的新技术体系的不适应致使建筑企业转型缓慢,产业链上相关企业的配套依然处于较低水平,上下游的配合与配套比较缺乏。因此,加快市场培育进程是促进装配式建筑发展的一个重要方向。

7.4.1　提高行业认知度

多数企业尚未涉足装配式建筑领域,即使有所涉足也缺乏相关的经验,因此加大宣传力度和试点工程的带动作用,从而提高整个行业的认知度至关重要。除了大力推广政府政策外,行业内可以加强对装配式建筑典型案例和先进经验的交流,也可以通过成立专门的装配式建筑工作部门,以增加行业人员对装配式建筑的学习和研究,加强项目实践基础,从而形成统一的认识。这样可以不断增强整个行业对装配式建筑的信心和认可,渐渐解除对传统建造方式的依赖,更新观念,积极投入到转型升级中。此外,装配式建筑龙头企业可以加大对中小企业的带动,形成产业联盟,逐渐扩大与发展装配式建筑的行业队伍,以此来降低参与主体对未知风险的担忧。

7.4.2　增加公众接受度

社会公众对于装配式建筑意识不强烈主要体现在两方面,一是人们对装配式建筑的抗震性能、整体性能持怀疑态度,认为房屋安全性能得不到保障,因此认知和接受程度偏低;二是装配式建筑的增量成本所凸显出的经济效益是一项长远利益,这就使得公众接受程度大打折扣。因此,除了在项目推广和宣传上增加投入,提高公众的整体认知水平外,也可以从各地市的保障性住房、公共建筑,如学校、医院、政府大楼、商场超市等进行重点推广,优先推荐使用装配式建筑。还可以积极推广集成技术、体系、部品与管理系统为一体的装配式建筑技术集成度较高的示范小区,逐步提高公众对装配式建筑的了解程度。同时,加大技术体系的创新,基于现有装配式建筑体系,通过绿色建筑、被动式建筑、节能建筑和智能建筑等技术的耦合创新,提高建筑产品的舒适性、先进性、安全性和经济性,打造装配式建筑高端优质产品,提升公众认可度,形成规模效应。

7.4.3　完善配套产业链

装配式建筑项目的实施需要设计、生产、施工和后期维护等环节的协同推进,其生产过程涉及的企业包括业主、设计单位、构建生产厂、施工单位等,这就需要上下游企业形成一条完整的产业链,而目前现有产业链不配套、不完善,尚未形成规模效应。针对这一问题,需要加强产业管理。要求建筑构件的标准化设计与现场装配施工技术的协调配合,各环节之间加强密切协作能力,提高装配式建筑不同阶段的技术和管理水平,例如在设计阶段确定合理的预制率,优化、深化设计流程,提高构件的重复率;合理安排运输路线,确定合理的安装路径和程序,加强施工管理。此外,以 BIM 信息技术为依托,形成有效的平台支持以促进全产业链的协同发展,从而推动装配式建筑的发展。

7.5　提升管理创新

管理因素是项目进行过程中人的因素的综合关系,在实际工程活动中,当面对装配式建筑时不可避免地会带入传统建筑的某些管理经验,这就要求从业人员及管理人员要及时更新观念、转变思路并积极探索和优化新的管理模式,不断推进管理创新,最终在各参与主体相互协同合作的前提下实现质量和成本最优化的目标。

7.5.1　推进工程总承包管理模式

在现行项目管理模式中,针对装配式建筑的管理制度还未真正做到量体裁衣,而是还处于不断的摸索中。所以应当从全产业链的角度出发,积极培养和配置装配式建筑相关的复合型人才,尤其要注重打造设计研发和EPC 总承包管理团队,在产业化进程中全面推行 EPC 管理模式,并且尽快建立企业工程总承包模式的管理体系,通过强化工程总承包责任实现设计、生产、运输和装配等各阶段的无缝衔接与有效融合,使得建设过程达到高度组织化。同时,EPC 总承包模式的统筹管理还能有效实现 PC 构件生产厂家与装配施工现场之间信息高效的统一与衔接,最大程度地提升产业链技术体系的集成能力,从而促进装配式建筑的有效发展。

7.5.2　加强预制构件厂管理

预制构件是装配式建筑供应链中存在的特有环节,预制构件的类型繁多且复杂,但目前市场上的构件生产厂不多,如何对有限的构件生产商进行管理对装配式建筑项目最终的成功与否有很大影响。相关企业应当积极探索现场质量管理与生产现场项目管理之间的转化,从而发展适合预制构件厂专门的管理组织架构与管理体系,有效推动预制构件厂的质量管理和文明生产,保证装配式建筑项目的全面可靠性,进而打开装配式建筑的市场,促进装配式建筑领的进一步发展。

第 8 章　结论与展望

本书在分析国内外装配式建筑的文献资料及国内外研究现状的基础上,对装配式建筑的综合效益进行了分析与评价。目前,国内主流的装配式建筑效益分析主要在经济效益与环境效益等单方面,并没有对装配式建筑的整体效益情况进行阐述,这导致很多企业对装配式建筑模式相比于传统现浇模式的效益增量情况不明朗,影响了装配式建筑的发展。因此,本书结合经济、环境、社会与安全四个方面对装配式建筑的整体效益情况进行了阐述。装配式建筑综合效益分析主要根据装配式建筑建设全寿命周期里的施工建造阶段、运营使用阶段及回收拆除阶段这三个重要方面进行。通过对这三个重要阶段的经济效益、环境效益、社会效益及安全效益的分析,明确现阶段装配式建筑相比于传统现浇建筑的整体效益情况,并在此基础上,运用层次分析法与集对分析理论对装配式建筑的综合效益情况建立评价指标体系、确定指标权重,并进行分析与评价,从而确定目前合肥市装配式建筑综合效益的具体等级。通过上述的分析与评价,本书得到如下结论:

(1) 目前装配式建筑全寿命周期成本相比于传统现浇建筑虽然略高,但装配式建筑全寿命周期的经济效益相比于传统现浇建筑有较大提升。

装配式建筑的规范自 2015 年以来密切发布,2015 年底发布的《工业化建筑评价标准》为装配式建筑的发展奠定了坚实的基础,2016 年装配式建筑在全国得到大范围的推广。但目前装配式建筑的发展仍处于初级阶段,相关研究及理论的不成熟以及研发技术的不完善导致了其施工建造成本高于传统现浇建筑。而对于建筑全寿命周期的经济效益进行分析,可知装配式建筑在运营使用阶段及回收拆除阶段的经济效益要明显优于传统现浇建筑。

目前,对于装配式建筑在经济效益的评价处于良好等级,随着装配式建筑模式的推进,生产规模的不断扩大,以及技术研发的不断深入,装配式建筑的施工建造成本还将进一步降低,其经济效益方面的优势将会进一步凸显。

(2) 装配式建筑相比于传统现浇建筑具有突出的环境效益。

环境保护一直是我国的基本国策,而传统建筑业对环境造成的破坏与污染使得建筑业的发展受到很大制约。通过对国内多个装配式建筑项目及相关理论文献的分析与研究,得出装配式建筑在施工建造阶段相比于传统现浇建筑,能够节约钢材约 12%,节约木材约 80%,节约模板约 60%,节约水资源约 50%,节约资源及能源消耗量约 30%;同时可以减少约 60% 的施工废弃物、扬尘污染及噪声污染等。

因此,装配式建筑在节约能源及环境保护方面有着突出优势,且随着装配式建筑的进一步发展,装配式建筑模式将成为未来建筑业发展的重要方向。

(3) 装配式建筑改变了传统建筑业生产及管理模式,并进一步提高了劳动生产率与建筑产品性能效益。

装配式建筑的出现为建筑业的生产及管理模式的改变带来了新的契机,使建筑业的生产方式由传统的手工劳动密集型向机械科技密集型发生转变,由构品部件的现浇施工向工厂标准化设计装配式施工发生转变。

同时,装配式建筑的出现也使得建筑业的管理方式有了很大提升,逐步变得精细化、集成化与集约化。在提升劳动生产率与建筑产品性能效益方面,随着装配式建筑的进一步发展,将会产生更高的效益。

(4) 装配式建筑提高了建筑的质量与施工安全性。

装配式建筑的部品构件均在工厂内进行标准化设计与装配化施工,其构配件的精度可以达到毫米级,能有效地控制部品构件的质量与性能,防止建筑出现墙体的开裂和空鼓等缺陷。同时装配式建筑在施工建造阶段由于大幅度降低了手工操作的工序,减少了施工现场的施工人数,提升了施工现场的安全施工质量,减少了安全事故发生的隐患,因此装配式建筑相比于传统现浇建筑具有很高的安全效益。

本书在取得一定成果的同时,仍需要进一步研究的问题主要有以下三个方面:

(1) 在装配式建筑的环境效益分析中,碳排放量的计算与交易一直是环境保护中需要重视的一点。由于我国目前有关装配式建筑碳排放量的计算仍处在摸索阶段,尚未有比较成熟的观点与规范进行测算,因此对环境效益的分析在日后的研究中应考虑碳排放量的分析与研究。

（2）在装配式建筑的社会效益与安全效益分析中,针对产品性能效益、建筑施工安全水平以及安全教育、防护、检查水平和监管机构水平,因目前没有具体的统计数据,所以通过对装配式建筑项目的施工技术管理人员及入住客户的调查采用了百分制的方式进行评价,评价较为粗糙,日后需进一步改进提升。

（3）在应用层次分析法构建评价指标体系时,可以结合熵权法等客观赋值的方法对主观权重进行分析与研究,有利于获得更准确的各个指标权重。

参 考 文 献

[1] SINHA L B. Prefabricated concrete skeleton system for residential buildings[J]. International Journal for Housing Science and Its Applications, 2011:163-174.

[2] SILVA P C P, ALMEIDA M, Braganca L, et al. Development of prefabricated retrofit module towards nearly zero energy buildings [J]. Energy and Buildings, 2013,56:115-125.

[3] WALKER P J, THOMSON A. Development of prefabricated construction products to increase use of natural materials[J]. Journal of Perinatal Medicine, 2013:12(1):7-12.

[4] KATARINA M, RASTISLAV M. Valuable architectural refurbishment of prefabricate houses as a part of their complex renovation [J]. Advanced Materials Research, 2014(855):112-115.

[5] MIRELA-ADRIANA S, DANIEL-MIHAI G, OTILIA-ALEXAN-DRA V. Policies and strategies to improve the environmental performance of residential buildings made of prefabricated panels in Romania[C]// 12th International Multidisciplinary Scientific Geo-Conference(SGEM) and EXPO-Modern Management of Mine Producing, Geology and Environmental Protection. Bulgaoria: STEF92 Technology Ltd, 2012(5):1143-1150.

[6] MOHAMAD I M, NEKOOIE M A, TAHERKHANI R, et al. Exploring the potential of using industrialized building system for floating urbanization by SWOT analysis[J]. Journal of Applied Sciences, 2012,12(5):1-6.

[7] AGREN R, WING R D. Five moments in the history of industrial-

ized building[J]. Construction Management&Economics，2014，32(1-2)：7-15.

[8] YASHIRO T. Conceptual framework of the evolution and transformation of the idea of the industrialization of building in Japan[J]. Construction Management&Economics，2014，32(1-2)：16-39.

[9] TAM C M，TAM V W Y，CHAN J K W，et al. Use of prefabrication to minimise construction waste：a case study approach[J]. International Journal of Construction. Management. 2010，5(1)：91-101.

[10] BEGUM R A，SATARI S K，PEREIRA J J. Waste generation and recycling：comparison of conventional and industrialized building systems[J]. American Journal of Environmental Sciences，2010，6(4)：383-388.

[11] ALTES W K K. The capacity of local government and continuing the decentralized urban regeneration policies in the netherlands[J]. Journal of Housing and the Built Environment，2005(20)：287-299.

[12] FLOOD I. Towards the next generation of artificial neural networks for civil engineering. Advanced Engineering Informatics，2008(1)：4-14.

[13] JAILLON L，POON C S. The evolution of prefabricated residential building systems in Hong Kong：A review of the public and the private sector[J]. Automation in Construction，2009(18)：239-248.

[14] 王广明，文林峰，刘美霞，等. 装配式混凝土建筑增量成本与节能减排效益分析及政策建议[J]. 建设科技，2018(16)：141-146.

[15] 陈莹. 混凝土住宅预制建造模式的应用决策及环境影响研究[D]. 北京：清华大学，2010.

[16] 周玲珑. 基于全寿命周期的产业化住宅成本分析[D]. 重庆：重庆大学，2012.

[17] 李丽红，耿博慧，齐宝库，等. 装配式建筑工程与现浇建筑工程成本对比与实证研究[J]. 建筑经济，2013 (9)：102-105.

[18] 王玉龙. 浅议装配式建筑成本控制与对策分析[J]. 低温建筑技术，2018，40(8)：125-128.

[19] 齐宝库,王明振.我国 PC 建筑发展存在的问题及对策研究[J].建筑经济,2014,7:18-22.

[20] 何继峰,王滋军,戴文婷,等.适合建筑工业化的混凝土结构体系在我国的研究和应用现状[J].混凝土,2014,6:129-132.

[21] 刘启超.新型装配式混凝土剪力墙水平缝性能分析[D].邯郸:河北工程大学,2016.

[22] 纪颖波,赵雄.我国新型工业化建筑技术标准建设研究[J].改革与战略,2013,29(11):95-99.

[23] 魏子惠,苏义坤.工业化建筑建造评价标准体系的构建研究[J].山西建筑,2016,42(4):234-236.

[24] 李静,杜润泽.基于全寿命周期的产业化住宅与现浇式住宅成本对比分析研究[J].北京工业职业技术学院学报,2016,15(1):111-114.

[25] 李颖,李峰,邹宇,等.预制装配式混凝土建筑施工安全和质量评估[J].建筑技术,2016(47):305-309.

[26] 罗时朋,李硕.预制装配式对施工成本影响的量化分析[J].建筑经济,2016(6):48-53.

[27] 丁孜政.绿色建筑增量成本效益分析[D].重庆:重庆大学,2014.

[28] 朱百峰,李丽红,付欣.装配整体式建筑的生态环境效益评价指标体系研究[J].沈阳建筑大学学报,2015,17(4):401-406.

[29] 贾磊.基于系统动力学的装配式建筑项目成本控制研究[J].青岛:青岛理工大学,2016.

[30] 赵桦.住宅部品在住宅建造中的应用前景研究[D].重庆:重庆交通大学,2012.

[31] 张大伟.基于全寿命周期的绿色建筑增量成本研究[D].北京:北京交通大学,2014.

[32] 靳林超.基于 ISM 的装配式建筑综合效益研究[D].建设监理,2017(3):60-62.

[33] 付超.住宅产业化综合效益分析与评价[D].大连:大连理工大学,2015.

[34] 高源林.建筑生命周期碳成本核算研究[D].北京:北京交通大学,2017.

[35]　纪振鹏.装配式住宅在绿色建筑中的应用实例分析[J].住宅产业，2014(5):49-54.

[36]　王旭,韩立岩.基于环境影响的中国制造业能源效率评价[J].内蒙古大学学报(哲学社会科学版),2017,49(3):97-105.

[37]　周小梅."理性的经济人"与水资源和水环境的保护[J].价格理论与实践,2001(9):17-18.

[38]　张红霞,徐学东.装配式住宅全生命周期经济性对比分析[J].新型建筑材料,2013,40(5):93-96.

[39]　刘贵文,刁艳波,陈丽珊.技术进步对建筑业劳动生产率的影响分析[J].科技进步与对策,2011,28(13):52-55.

[40]　朱滔,康自强.建筑工程施工管理技术要点[J].中华建设,2015(9):124-125.

[41]　赵景明.低碳建筑成本效益分析与评价方法研究[D].沈阳:沈阳建筑大学,2013.

[42]　岳仍伟,耿睿,岳仍生.装配式建筑连接方式浅析[J].科技视界,2017(8):242,254.

[43]　薛明亮.装配式施工质量控制措施研究[J].山西建筑,2017,43(18):208-210.

[44]　韩建军.建筑工程项目全过程的造价管理研究[D].武汉:湖北工业大学,2016.

[45]　陆夏,刘晔.马克思劳动生产率与商品价值量关系的再考察[J].当代经济研究,2015(09):33-38,97.

[46]　罗永泰.科学规划经济适用房的发展[J].中国房地产,2001(01):41-42.

[47]　MUSA H D, YACOB M R, ABDULLAH A M. Delphi exploration of subjective well-being indicators for strategic urban planning towards sustainable development in Malaysia[J]. Journal of Urban Management,2018,8(1):28-41.

[48]　LIU F, ZHAO S Z, MENG M C, et al. Fire risk assessment for large-scale commercial buildings based on structure entropy weight method[J]. Safety Science,2017,94.

［49］　TAHSEEN S，KARNEY B. Opportunities for increased hydropower diversion at Niagara：An sSWOT analysis［J］. Renewable Energy，2017，101.

［50］　赵克勤.基于集对分析的不确定性多属性决策模型与算法［J］.智能系统报,2010,5(1):41-50.

［51］　魏晓东.基于 AHM 的既有居住建筑围护结构节能改造效益综合评价研究［J］.科技管理研究,2011,31(16):73-75,78.

［52］　贺书平.住宅产业化历程及其在郑州市的发展研究［J］.沿海企业与科技,2009(6):125-128.